Elder David Puello Pajaro
Ericson De Ávila Martínez
Pedro Castilla Bossio

Diseño, Construcción y Puesta en marcha de un equipo de Adsorción

Elder David Puello Pajaro
Ericson De Ávila Martínez
Pedro Castilla Bossio

Diseño, Construcción y Puesta en marcha de un equipo de Adsorción

Un aporte al estudio de las operaciones unitarias y laboratorios en Ingeniería Química

Editorial Académica Española

Cover image: www.ingimage.com

Publisher:
Editorial Académica Española
is a trademark of
International Book Market Service Ltd., member of OmniScriptum Publishing Group
17 Meldrum Street, Beau Bassin 71504, Mauritius
Printed at: see last page
ISBN: 978-620-0-41917-0

AGRADECIMIENTOS

En primera instancia quiero darle gracias a Dios y al sagrado corazón de Jesús por permitirme alcanza una meta más en mi vida. A mi familia en especial a padre - hermano Erick Jesús Martínez, a mi madre Nohemí Martínez y a mi tía Nidia Pitalua Martínez por ser los principales motores para lograr cada uno de mis sueños, por confiar y creer en mis expectativas, por los consejos, valores y principios que me han inculcado.

En segunda instancia agradecido con cada uno de los docentes que hicieron parte de esta formación tanto a nivel académico como personal, que me guiaron, me enseñaron y me exigieron para siempre dar lo mejor de mí en cada instante.

Finalmente quiero expresar mi más grande y sincero agradecimiento al profesor Adalberto Matute Thowinson principal colaborador durante todo este proceso, quien con su dirección, conocimiento, enseñanza y colaboración permitió el desarrollo y materialización de este trabajo.

Gracias.

ERICSON DE AVILA MARTINEZ

AGRADECIMENTOS

Primera doy gracias a Dios por permitir tener una buena experiencia dentro de mi universidad, por permitirme ser un profesional en lo que me apasiona, gracias a cada profesor que hizo parte de este proceso integral de formación de la cual queda como recuerdo y prueba viviente dentro de los conocimientos y desarrollo de las generaciones que están por llegar.

Gracias a mis padres, a su esfuerzo, a su apoyo incondicional en todos los aspectos, que jugaron un papel muy importante y arriesgaron en la realización de mi carrera, seguro estoy que ellos se sienten muy orgullosos de hasta donde he llegado y espero llegar.

En el nombre de Jesús y Dios Altísimo, gracias por este logro.

¡Mil gracias!

ELDER DAVID PUELLO PAJARO

AGRADECIMIENTOS

El presente trabajo investigativo lo dedicamos principalmente a Dios, por ser el inspirador y darnos fuerza para continuar en este proceso de obtener uno de los anhelos más deseados.

A nuestros padres, por su amor, trabajo y sacrificio en todos estos años, gracias a ustedes hemos logrado llegar hasta aquí y convertirnos en lo que somos.

¡Gracias!

PEDRO LUIS CASTILLA BOSSIO

ÍNDICE

GLOSARIO

RESUMEN

Se ha planteado una metodología enmarcada en una investigación aplicada, permitiendo transformar conocimientos teóricos de conceptos, teorías y prototipos globales para el diseño, construcción y puesta en marcha de un equipo de adsorción con dos columnas a escala de laboratorio para la remoción de azul de metileno a partir de soluciones acuosas. De acuerdo con la operación, que consiste en la eliminación de componentes de fases fluidas mediante sólidos que los retienen; se evaluaron dos tipos de carbón activado, determinando por especificaciones técnicas el más ajustado al proceso. Los solutos más fáciles para adherirse son compuestos más complejos y los sólidos más usados son el carbón activado, alúmina activada, gel de sílice, entre otros. Por su alta área superficial, el carbón activado tiene gran interés científico y tecnológico para estudios.

En el siguiente trabajo se realizó el diseño, la construcción y puesta en marcha del equipo con dos columnas de lechos fijos de carbón activado obteniendo isotermas de adsorción para la remoción de azul de metileno de soluciones acuosas, ajustando resultados a modelos matemáticos para el equilibrio, evaluando curva de ruptura y determinación de tiempos de adsorción. Posteriormente, se logró ajustar bien los datos de equilibrio al estudio a modelos de Freundlich y Langmuir; y la curva de ruptura obtenida muestra que, a los 122 minutos de operación, la prueba 1 alcanza un 0,99 y en la prueba 2 alcanza el 0,98 de la concentración inicial.

Palabras clave: Adsorción, Carbón activado, Azul de metileno, Isotermas de adsorción, Curva de ruptura.

TABLA DE CONTENIDO

LISTA DE FIGURAS

LISTA DE TABLAS

LISTA DE ANEXOS

INTRODUCCIÓN

La adsorción es la operación unitaria más empleada en la remoción de colorantes, sabores, olores y purificación de agua residuales en virtud de la simplicidad del diseño, facilidad de operación e insensibilidad a las sustancias tóxicas [1]. Los carbones activados, por su gran porosidad, son empleados ampliamente como adsorbentes en las operaciones industriales de purificación y recuperación química, lo cual se debe a su extensa área superficial entre 500 y 2000 $m^2 \cdot g^{-1}$, su gran volumen de poro y la presencia de grupos funcionales superficiales, especialmente grupos oxigenados [2].

Desde esta perspectiva, el criterio más importante en el diseño de un sistema de adsorción en lecho fijo es la predicción del punto de ruptura, a fin de determinar las pérdidas de soluto en el efluente, los tiempos de operación y regeneración del lecho y su capacidad de adsorción bajo una serie de condiciones específicas. De hecho, el diseño de un proceso de adsorción depende en gran medida de la reproducción exacta de las curvas de ruptura o perfiles de concentración del efluente en función del tiempo o el volumen de líquido tratado [3]. No obstante, la adsorción en lecho fijo es una operación en estado no estacionario cuyo análisis es complejo [4].

El presente proyecto se propone realizar el diseño, construcción y puesta en marcha de un equipo de adsorción con dos columnas a escala de laboratorio con lechos fijos de carbón activado granular para la remoción de azul de metileno a partir de soluciones acuosas, y a su vez revisar la teoría básica de la adsorción en lecho fijo mediante el estudio experimental de un sistema de adsorción especifico a fin de establecer una(s) estrategia(s) de diseño generaliza(s) que se constituya(n) en una sólida premisa para abordar el estudio de otros sistemas de adsorción de mayor interés y/o relevancia. En el capítulo 1 se presenta la trascendencia del desarrollo, diseño y puesta en marcha de un equipo de adsorción y el alcance de este proyecto; en el capítulo 2 se exponen las bases teóricas referentes al diseño, construcción y puesta en marcha del equipo; en el capítulo 3 se describe el tipo de investigación utilizada, la metodología y se determinan las variables de operación para el proyecto y por último en el capítulo 4 se detallan resultados obtenidos, cálculos del diseño del equipo, pruebas de laboratorio y discusión de los resultados.

DISEÑO, CONSTRUCCIÓN Y PUESTA EN MARCHA DE UN EQUIPO DE ADSORCIÓN CON DOS COLUMNAS, A ESCALA DE LABORATORIO

1. PROBLEMA DE INVESTIGACIÓN

1.1. Planteamiento del problema

Se puede definir la adsorción como un fenómeno superficial que implica a un adsorbato y un adsorbente debido a la aparición de fuerzas de interacción entre ambos. En el proceso de descontaminación de aguas con carbón activado el mecanismo de adsorción implicado es de tipo físico fundamentalmente, esto permite realizar la desorción una vez que el contaminante ha agotado la capacidad del adsorbente debido al carácter variable de este tipo de adsorción. [5]

A su vez los sólidos que posean una superficie específica elevada serán adsorbentes de interés: carbón activo, gel de sílice, alúmina activada, zeolitas, etc. Como ejemplo se puede indicar que en un solo gramo de ciertos carbones activos se dispone de una superficie de adsorción de más de 2500 m^2. [6]

La mayoría de las teorías de adsorción han sido desarrolladas para sistemas gas-sólido, ya que el estado gaseoso, comparado con el líquido, es más simple, y, por lo tanto, más fácil de entender. La adsorción en fase líquida está determinada por un conjunto de factores relacionados con el pH, la temperatura, la solubilidad del soluto en el solvente – grado de cohesión molecular- y la concentración inicial de la solución, razón por la cual las teorías estadísticas que se derivan del análisis gas-sólido tienen poca efectividad en el diseño de equipos de adsorción sólido-líquido. [7]

A pesar del crecimiento y gran desarrollo que tienen las operaciones de adsorción sólido-líquido en el sector industrial, en la preservación y protección del medio ambiente; en la Universidad de San Buenaventura - Cartagena, no se cuenta con una variedad de estudios adelantados por el Programa de Ingeniería Química con relación a la operación como tal, a tal punto que, en la actualidad, el estudio de la adsorción se excluye en el contenido programático de los cursos de transferencia de masa (Operaciones unitarias II y III); por ende, no se contempla en el eje temático del pensum del programa de ingeniería química, y se cuenta con un número limitado de equipos de laboratorios adecuados para llevar acabo cualquier práctica relacionada con el tema de esta operación unitaria, son estas las causas por la cual se va a realizar un estudio teórico-práctico de la adsorción, a fin de lograr una dinámica con los equipos (persona-maquina), estrategias de diseño, variables de proceso y otros factores críticos ligados al rendimiento de las operaciones [de adsorción] en lecho fijo a escala industrial.

Por consiguiente, en el presente proyecto se pretende realizar el diseño, construcción y puesta en marcha de un equipo de adsorción con dos columnas a escala de laboratorio para fortalecer tanto los conceptos teóricos y prácticos en la Universidad San Buenaventura en la actualidad.

1.2. Formulación del problema

¿Qué aspectos técnicos, teóricos y administrativos se deben emplear para realizar el diseño, construcción y puesta en marcha de un equipo de adsorción con dos columnas, a escala de laboratorio con los recursos disponibles para cumplir con los objetivos del proyecto?

1.3. Justificación

Para el tratamiento de los efluentes líquidos que contienen metales pesados, sólidos en suspensión y compuesto orgánicos, existen diferentes métodos físicos químicos, siendo los de mayor auge en la actualidad los siguientes: adsorción, precipitación, intercambio iónico y osmosis inversa. [8] En la actualidad, la adsorción con carbón activado constituye la técnica más económica y eficiente para la remoción de compuestos orgánicos indeseables de soluciones acuosas

Entre los métodos mencionados anteriormente, en este proyecto se seleccionará la técnica más económica y eficiente para la remoción de compuestos orgánicos indeseables de soluciones acuosas, la adsorción. Su uso sistemático en el tratamiento de aguas es el resultado de tres factores principales: I. La creación de una eficiente tecnología con premisa en la excelente capacidad de adsorción del carbón activado, II. La baja en los costos de operación, producto del ahorro significativo que representan los sistemas de regeneración y III. La síntesis de carbón activado a partir de materiales residuales de origen orgánico.

La ejecución del presente proyecto proveerá a los estudiantes del Programa de Ingeniería Química de la Universidad de San Buenaventura – Cartagena: (a) Una revisión rigurosa de la teoría y la práctica de la adsorción sólido-líquido (b) Una instalación de laboratorio para la observación y estudio de los sistemas de adsorción en columnas de lecho fijo (c) Una guía de diseño sencilla, con base en la experiencia adquirida en la decoloración de soluciones acuosas de azul de metileno en carbón activado granular y (d) Un acercamiento a los equipos, estrategias de diseño, variables de proceso y otros factores relevantes que determinan el rendimiento de las operaciones de adsorción sólido-líquido a escala industrial.

Los beneficiados principales de este proyecto es la comunidad Bonaventuriana en especial los estudiantes de Ingeniería Química de la Universidad de San Buenaventura – Cartagena. Esta idea de innovación hace un gran aporte al facilitar y ofrecer variedad de prácticas para los aprendices, ya que en las operaciones unitarias dictadas en la Universidad no se estudia el tema de adsorción a fondo, porque el contenido programático de los cursos de transferencia de masa es muy complejo y extensos.

1.4. Objetivos

1.4.1. Objetivo general

Realizar el diseño, construcción y puesta en marcha de un equipo de adsorción solido – liquido con dos columnas a escala de laboratorio, para ello se debe obtener un modelo matemático el cual se encuentre directamente relacionado con la determinación de las isotermas de equilibrio, centrándose sobre todo en el uso del carbón activado como absorbente y un colorante (Azul de metileno) que se encuentra en el agua como adsorbato.

1.4.2. Objetivos específicos

- Estudiar los modelos matemáticos que describan los experimentos para la obtención de isotermas de equilibrio.
- Ajustar los parámetros necesarios en los modelos matemáticos anteriores correspondientes al equilibrio y la cinética.
- Diseñar las columnas de adsorción característica y la instalación hidráulica necesaria para las columnas de adsorción.

- Seleccionar materiales, construir, instalar y comprobar funcionamiento óptimo del equipo en el Laboratorio de Operaciones Unitarias de la Universidad San Buenaventura Seccional Cartagena, un banco de pruebas para ensayos de adsorción sólido-líquido en la modalidad de lecho fijo.
- Desarrollar el proceso de adsorción en dos columnas de carbón activado para evaluar su curva de ruptura, determinar el tiempo destinado a la adsorción y obtener las isotermas de adsorción ajustando datos obtenidos a modelos matemáticos que describan el equilibrio.

2. MARCO REFERENCIAL

2.1. Antecedentes investigativos

LOS VERTIMIENTOS INDUSTRIALES

De acuerdo con datos de la cámara de comercio de Cartagena, existen unos 620 establecimientos industriales. El Instituto Nacional de los Recursos Naturales Renovables y del Ambiente, conocido como INDERENA (2014) estima que unos 80 de ellos son productores de efluentes líquidos en volúmenes significativos con 17 puntos específicos de efluentes de metales pesados repartidos en toda la ciudad. El total de estos establecimientos se encuentran localizados en la costa oriental de la bahía de Cartagena, hacia la que se vuelcan por lo tanto el 100 % de los efluentes industriales. A su vez dentro de este grupo se destacan las grandes empresas situadas en la zona de industrial de Mamonal, también se aprecia un numero de pequeñas industrias (talleres mecánicos, pinturas, muebles etc.) cuyos vertimientos no se encuentran cuantificados pero que puede ser de importancia.[1]

Debido a esta problemática de los vertimientos, las industrias se han visto en la obligación de implementar estrictos controles en la legislación ambiental, por lo tanto este sector se ha visto obligado a mejorar la calidad de sus efluentes y adoptar medidas más severas en el ámbito del tratamiento de las aguas residuales como lo establece el ministerio de ambiente y desarrollo sostenible en el decreto número 1076 de 2015 [10].

EQUILIBRIO DE ADSORCIÓN DEL COLORANTE AZUL DE METILENO SOBRE CARBÓN ACTIVADO

Según los autores Grey Castellar, Edgardo Angulo, Alejandra Zambrano y Dianis Charris (2013) [67], en su artículo científico realizaron un rastreo bibliográfico sobre colorantes, ya que estos son ampliamente utilizados en las industrias de textiles, de caucho, de papel, de plásticos y de cosméticos, con el propósito de colorear. La descarga de aguas coloreadas a los cuerpos de agua causa serios problemas al medio ambiente, como la disminución de la actividad fotosintética, debido a la interferencia en la penetración de la luz e inhiben la reacción de los agentes oxidantes. Es importante señalar, además, que algunos colorantes tienen efecto tóxico, cancerígeno y mutagénico, por la tendencia a formar quelatos de iones metálicos que producen microtoxocidad, tanto para la vida acuática como humana ; por lo tanto, antes de verterlos a los cuerpos de agua se hace necesario removerlos [67].

La disposición de estos colorantes a los recursos de agua se debe evitar; para tal efecto, se utilizan varias técnicas de tratamiento, siendo la adsorción una de las más empleadas. Este documento presenta un estudio sobre la adsorción del colorante azul de metileno (AM) en disolución acuosa sobre carbón activado granular (CAG) a 25°C o temperatura ambiente. Experimentos realizados por lote, para determinar el efecto de la concentración inicial (300-1100mg.dm^{-3}) y del pH (4-8), sobre la capacidad de adsorción y el porcentaje de remoción. Las isotermas de equilibrio fueron analizadas a partir de las ecuaciones de Langmuir y Freundlich usando el coeficiente de correlación. Los datos experimentales muestran un ajuste satisfactorio con el modelo de isoterma de Langmuir. Los valores de capacidad máxima de adsorción de AM en monocapa obtenidos fueron de 76,3; 79,4; 80,6; 83,3 y 87 mg.g^{-1} a los pH de 4, 5, 6, 7 y 8, respectivamente [11].

ADSORCIÓN DE Cd (II) EN SOLUCIÓN ACUOSA SOBRE DIFERENTES TIPOS DE FIBRAS DE CARBÓN ACTIVADO.

Según los autores Roberto Leyva Ramos, Paola Elizabeth Díaz Flores, Rosa María Guerrero Coronado, Jovita Mendoza Barrón y Antonio Aragón Piña (2004) [68]. , en los últimos 30 años se ha investigado ampliamente la adsorción de Cd(II) sobre carbón activado y otros adsorbentes como un método para remover Cd(II) presente en soluciones acuosas. La mayoría de los estudios se han enfocado a medir las isotermas de adsorción de Cd(II) sobre carbón activado granular (CAG) y en polvo (CAP), y a evaluar el efecto del pH y de la temperatura en la isoterma de adsorción. En estos estudios se ha reportado que la cantidad de Cd(II) adsorbido aumenta drásticamente incrementando el pH de 2 a 6 [1] [2] [68], que el Cd(II) no se adsorbe sobre carbón activado a pH menores entre 2 y 3 [1] [2] [68] y que la cantidad de Cd(II) adsorbido se reduce disminuyendo la temperatura. Recientemente se ha comercializado una nueva forma de carbón activado que se prepara a partir de la carbonización y activación de telas de fibras de diversos materiales poliméricos, tales como nylon, rayón, celulosa, resina fenólica, poliacrilonitrilo (PAN) y brea de alquitrán[68].

Esta novedosa forma se le conoce como Fibra de Carbón Activado (FCA) y se fabrica en dos presentaciones como tela y fieltro. Las características de las FCA dependen de la tela del material polimérico que se utilizó para producirla.

FCA ofrece varias ventajas en comparación con CAG y CAP. La estructura porosa de la FCA está principalmente constituida por microporos mientras que el CAG y CAP tienen estructura porosa muy compleja formada por microporos, mesoporos y macroporos. Los diámetros de las fibras del FCA (0,006 a 0,017 mm) son en promedio 100 veces menores que los diámetros de las partículas de CAG (1 a 3 mm) y ligeramente menores que los diámetros de las partículas de PAC (0,015 a 0,025 mm). Por lo tanto, la velocidad de adsorción en la FCA es mucho más rápida que en el CAG y ligeramente más rápida que en el CAP.[12]

DISEÑO DE UN TREN DE COLUMNAS DE ADSORCIÓN, A PEQUEÑA ESCALA.

Según Luis Alejandro Lozano Solórzano (2012) [69] ha propuesto una metodología de diseño, construcción y montaje de un tren de columnas de adsorción en lecho fijo de carbón activado para la remoción de azul de metileno a partir de sus soluciones acuosas.

En primera instancia, se preseleccionaron cuatro variedades de carbón activado granular de tipo comercial y, a partir de un estudio comparativo, se encontró que es el carbón JACOBI LQ-830 de JACOBI CARBONS® el que mostró las mejores cualidades para la adsorción de azul metileno. Ya definidas sus principales características, se llevaron a cabo estudios de equilibrio y cinética de adsorción, con el fin de analizar el grado de afinidad y selectividad del carbón respecto al tinte, y cuantificar a qué velocidad se satura el primero, respectivamente. La información allí obtenida es premisa fundamental en el diseño del sistema de adsorción en lecho fijo [69]

En los experimentos de equilibrio se estudió el efecto individual del pH y el diámetro promedio efectivo de las partículas (EMDP) en las isotermas de adsorción del sistema, encontrándose que estas dos variables tienen un importante efecto en la capacidad de adsorción de este. Se observó un aumento abrupto en esta última, cuando el pH inicial de la solución varió entre 7 y 10, obteniéndose un valor máximo de 370,65 mg/g para este último valor. Se observó el efecto contrario al variar el EMDP en 0,567; 0,633 y 1,066 mm, obteniéndose un valor máximo de 227,3 mg/g para el primer valor [69].

Se ajustaron los modelos de Freundlich, Langmuir y Redlich-Patterson a las isotermas de adsorción experimentales y se encontró que el modelo que mejor representa el equilibrio es el de Freundlich, lo cual sugiere que el adsorbente es heterogéneo. Por regresión no lineal se obtuvieron valores de entre 2 y 6, para el parámetro exponencial de Freundlich (NF), lo que indica que la adsorción de azul de metileno en el carbón activado bajo estudio es altamente favorable. De los experimentos de adsorción en tanque agitado, se encontró que la concentración inicial de tinte en la fase móvil (Co) y el diámetro promedio efectivo de las partículas (EMDP) juegan un papel muy importante en la cinética [de adsorción] del sistema bajo estudio, particularmente, en los tiempos de saturación de este y en su capacidad de remoción. Se encontró que, al variar la concentración inicial en 25, 50 y 85 ppm, hubo un aumento en la capacidad de adsorción, obteniéndose un valor máximo de 104 mg/g para este último valor. Sin embargo, también se registró un aumento en los tiempos de equilibrio para valores crecientes de Co, obteniéndose un máximo de 1440 min a 85 ppm, lo que indica que la cinética de adsorción se hace más lenta cuando se aumenta la concentración inicial de tinte en la fase fluida. Se observó el efecto contrario al variar el EMDP del carbón en 0,567; 0,633 y 1,066 mm, obteniéndose un valor máximo de 221,5 mg/g en la capacidad de adsorción para el primer valor, y un mínimo de 720 min en el tiempo de saturación para el último valor; lo que implica que la velocidad de adsorción se ve favorecida con la disminución en el tamaño de las partículas, aunque ello implique un detrimento en el poder adsortivo del sistema [69]

Se ajustaron los modelos de pseudo primer orden, pseudo segundo orden, Elovich y difusión intrapartícula a las curvas cinética obtenidas experimentalmente, encontrándose que el modelo que mejor las predice es el de Elovich, lo cual sugiere que la adsorción se lleva a cabo a partir de algún tipo de quimisorción en [una superficie de] sitios heterogéneos, lo que confirma los supuestos derivados del modelo de Freundlich. Los altos valores de a, obtenidos por regresión no lineal, sugieren que la velocidad inicial de quimisorción es alta, mientras que los valores crecientes de b, que existe una mayor disponibilidad de sitios para la adsorción.[13]

2.2. MARCO TEORICO

2.2.1. Fundamentos Del Proceso De Adsorción

La adsorción es un fenómeno superficial que consiste en la retención temporal de las moléculas de un fluido (adsorbato) sobre la superficie de un sólido (adsorbente). La definición de adsorción que propone la International and Pure And Applied Chemistry (IUPAC) es la siguiente: "Es el enriquecimiento, en uno o más componentes, de una superficie interfacial". [14]

La adsorción de un soluto en disolución sobre una superficie sólida se da como consecuencia de las propiedades características del sistema disolvente-soluto-sólido. Al parecer, la fuerza impulsora primaria para la adsorción se debe en gran medida al carácter liófobo (no afinidad) del soluto respecto al solvente, o a una elevada afinidad del soluto por el sólido. Normalmente, la adsorción es el resultado de la acción combinada de estas dos tendencias. La solubilidad, representando el grado de compatibilidad química entre un soluto y un disolvente, es el factor que determina la intensidad de la primera fuerza impulsora. Cuanta mayor sea la atracción que experimente una sustancia por el disolvente, menor es la posibilidad que tiene de trasladarse a la interface para ser adsorbida. Por otro lado, la afinidad específica de un soluto por establecer una interacción fisicoquímica con la superficie de un sólido constituye la segunda tendencia, la más importante. [15]

2.2.1.1. Tipos de adsorción

Según el tipo de interacción que exista entre el adsorbato y el adsorbente, la adsorción puede ser:

2.2.1.1.1. Adsorción física

Se presenta cuando el adsorbato se adhiere a la superficie del adsorbente por la acción de una serie de fuerzas del tipo Van Der Waals, entre las cuales se destacan las del tipo dipolo-dipolo, dipolo-dipolo inducido y/o fuerzas de dispersión. Este tipo de interacción predomina, generalmente, a bajas temperaturas. [13]

2.2.1.1.2. Adsorción química

Cundo el adsorbato tiene una interacción química con el adsorbente, el fenómeno se denomina adsorción química, adsorción activa o quimisorción. Se caracteriza porque las energías de adsorción son altas en el orden de las de un enlace químico (covalentes), debido a que el adsorbato genera unos fuertes enlaces, ubicados en los puntos activos del adsorbente. Este tipo de interacción se ve favorecida, generalmente, a altas temperaturas. La mayor parte de los fenómenos superficiales se deben a la acción, individual o conjunta, de estas dos formas de adsorción; aunque en ocasiones, no es fácil distinguir entre y otra. [14]

2.2.1.1.3. Diferencias entre adsorción física y química

La adsorción física es la más frecuente, mientras que la quimisorción se manifiesta, únicamente, cuando el adsorbente y el adsorbato tienden a formar un compuesto. En general, el proceso de adsorción física puede invertirse con facilidad; por el contrario, la quimisorción es difícil de revertir y generalmente tiene lugar a mayor lentitud que en el caso anterior. La capa adsorbida en la adsorción física puede variar en espesor, desde una molécula a muchas moléculas, debido a que las fuerzas de Van Der Waals se pueden extender desde una capa de moléculas a otras. En cambio, la quimisorción no puede, por sí misma, dar lugar a una capa de más de una molécula de espesor, debido a la especificidad del enlace entre el adsorbente y el adsorbato. Sin embargo, cabe que capas subsiguientes de varias moléculas puedan estar físicamente adsorbidas sobre la primera capa.

En la Tabla 1 se detallan mayores diferencias entre adsorción física y adsorción química.

2.2.1.1.4. Otros tipos de adsorción

Se destacan la adsorción por intercambio y la adsorción específica. El primer tipo de adsorción cae de lleno dentro del intercambio iónico, que es un proceso por el cual los iones de una determinada sustancia se centran en la superficie de un sólido a causa de las fuerzas de atracción electrostática que ocurren en la superficie del sólido. Para dos adsorbatos iónicos posibles, a igualdad de otros factores, la carga del ion es la causa crucial en la adsorción de intercambio. Para iones de idéntica carga, el tamaño de las moléculas (radio de solvatación) es determinante en el orden de prioridad para la adsorción. [14]

Tabla 1. Diferencias entre adsorción física y química.

COMPARACIÓN ENTRE ADSORCIÓN FISICA Y QUIMICA	
ADSORCION FISICA	**ADSORSION QUIMICA**
Fenómeno general, no especifico	Fenómeno especifico
Bajo calor de adsorción (menos de 2 o 3 veces al calor latente de vaporización)	Alto calor de adsorción (del mismo orden de magnitud del cambio energético en reacciones químicas)
Monocapa o multicapa	Sólo monocapa
Puede implicar disociación	No hay disociación de las especies adsorbidas
Solo significativa a niveles térmicos relativamente bajos	Posible en un amplio de intervalo de temperaturas
Rápida, no activada y reversible	Activada, puede ser muy lenta e irreversible
Aplicación en operaciones de separación	Significativa en procesos de catálisis

Fuente: (Boletín técnico. Seleccionando un sistema de adsorción para COV – Clean Air Technology Center, 2000)

Por otra parte, muchos procesos de adsorción en los que intervienen moléculas orgánicas se producen como consecuencia de interacciones específicas entre elementos estructurales identificables del adsorbato y el adsorbente. Estas interacciones se denominan adsorciones específicas, que no se identifican ni con las adsorciones de tipo físico ni con las de tipo químico, según la clasificación convencional. [15]

2.2.1.2. Los materiales adsorbentes, tipos y propiedades

Para lograr un buen desempeño en su aplicación, los materiales adsorbentes deben tener ciertos atributos o propiedades especiales, entre ellas: (i) Alta capacidad de adsorción para reducir al mínimo la cantidad de adsorbente necesario (ii) Alta selectividad para permitir separaciones específicas (iii) Cinética de adsorción favorable -rápida transferencia de masa interfacial- para minimizar el tiempo de contacto (iv) Estabilidad térmica y química, incluida una baja solubilidad al contacto con el fluido, a fin de conservar la cantidad de adsorbente y sus propiedades (v) Propiedades físicas y tamaño de partícula adecuados para asegurar una buena resistencia mecánica y facilidad de manejo, obteniendo menor pérdida de carga posible en lechos fijos como en los móviles o fluidizados (vi) Tendencia al flujo libre para la facilidad de llenado o vaciado de las columnas (vii) Bajo costo (viii) Fácil regeneración -por desorción-, principalmente en el caso de los procedimientos continuos. [16]

Dentro de la amplia gama de adsorbentes que se utilizan en la industria para llevar a cabo una aplicación, se destacan por su importancia:

2.2.1.2.1. El gel de sílice

Se genera por neutralización de una solución de silicato sódico por la acción de un ácido mineral disuelto. El material resultante se calienta hasta 350° C, y resulta un material duro, vidrioso y poroso. Usado para secar líquidos y gases también para la recuperación de hidrocarburos. Tiene un área superficial de 600 a 800 m^2/g y un promedio de diámetro de poro de 20 a 50 Å.

2.2.1.2.2. La alúmina activada

Obtenida calentando diferentes hidratos de alúmina a una velocidad vigilada. La alúmina activada en su variedad se obtiene entre 500 y 800° C, convirtiéndose por encima de este punto en especies alotrópicas de una menor área. Por lo general es un producto amorfo, muy poroso, que se usa mucho para secado de gases y líquidos, para eliminar el fluoruro y para la neutralización de aceites lubricantes. Es un adsorbente con buena resistencia mecánica. Las áreas superficiales fluctúan entre los 200 y 500 m^2/g con un promedio de diámetro de poros de 20 a 140 Å.

2.2.1.2.3. Tamices moleculares

Se originan en productos naturales tales como las zeolitas. Sus poros se crean al formarse cavidades en la red del cristal cuando se borran por calefacción las moléculas de agua. Están conformados por estructuras tetraédricas de aluminosilicatos (SiO_2-AlO_4). Su entrelazo es muy regular, de tal modo que sólo pueden sorberse las moléculas con un tamaño altamente pequeño que permita atravesar las "ventanas" de acceso al interior de la estructura. Aunque su espacio de adsorción no puede relacionarse de forma significativa con el de una superficie, la comparación con otros adsorbentes puede establecerse tomando una superficie equivalente del orden de los 800 m^2/g. Tienen tamaños de poro que van de 3 a 10 Å aproximadamente. La ventaja de los tamices moleculares es que pueden ser fabricados a la medición de las aplicaciones anheladas.

2.2.1.2.4. Tamices moleculares carbonosos

Son carbones activados preparados por oxidación controlada de antracita y su posterior tratamiento térmico, lo cual proporciona una distribución de tamaño de poros muy estrecha. Tienen un intervalo de diámetros de poro efectivo que puede oscilar entre los 4 y 9 Å. Se diferencian de las zeolitas en el hecho de que su distribución de tamaño de microporos es mucho más amplia. [17]

2.2.1.2.5. Polímeros adsorbentes sintéticos

Se muestran alternativa al carbón activo en el proceso de tratamiento de aguas. Se fabrican por polimerización de un monómero en suspensión y un agente reticulante, en presencia de un disolvente y catalizadores específicos de la reacción. [15] Una gran variedad de monómeros pueden ser polimerizados con posibilidad de obtener las propiedades que se deseen, variando las condiciones de operación en el proceso de polimerización dan una idea de la multiplicidad de productos posibles. Tales productos ofrecen algunas ventajas frente al carbón activado; tales como: (i) Matrices de estructura estable y muy duradera; (ii) Mayor facilidad de regeneración a través de disolventes apropiados, posteriormente recuperables y (iii) Posibilidad de disponer de productos de distinta polaridad, lo que significa una mayor selectividad en sus usos.

2.2.1.3. El carbón activado como adsorbente

El término carbón activado se aplica a una sucesión de carbones porosos preparados artificialmente para que exhiban una gran porosidad y una alta superficie interna. Estas características son las responsables de sus propiedades adsorbentes.

Los carbones activados pueden dividirse en dos grandes grupos: los empleados en procesos de adsorción en fase gaseosa y en fase líquida. La principal diferencia entre ambos es la distribución del tamaño de poros. Los que se utilizan para el tratamiento de gases exhiben una alta microporosidad y macroporosidad, con un volumen pequeño de mesoporos. Los otros, por su parte, presentan una cantidad importante de mesoporos, permitiendo el acceso de las moléculas que constituyen la fase líquida a la estructura microporosa del adsorbente. [18]

2.2.1.4. Estructura

El carbón activado se concibe como un arreglo irregular de microcristales bidimensionales dispuestos en planos paralelos, cada uno de ellos formados por átomos de carbono ordenados hexagonalmente, similares a los de los anillos aromáticos, constituyendo una estructura similar a la del grafito (Ver Figura 1). Básicamente, consiste en una aglomeración de varios planos aromáticos que recibe el nombre de estructura turbostrática. [17]

Esta ordenación al azar de las capas y el entrecruzamiento entre ellas impiden el reordenamiento de la estructura para dar grafito aun cuando se caliente hasta 3000º C. Es precisamente esta característica del carbón activado la que más contribuye a su propiedad más importante: la estructura porosa interna altamente desarrollada y al mismo tiempo accesible para los procesos de adsorción.

Fig. 1. Estructuras del grafito y del carbón activado. Parte [A]. Estructura del grafito. Parte [B]. Estructura del carbón activado.

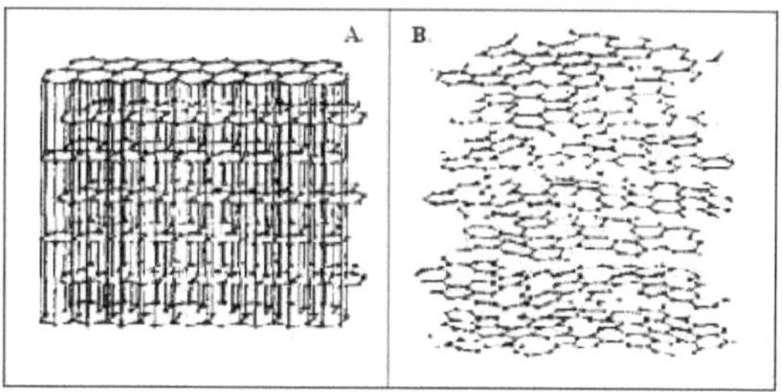

Fuente: (Sorption isotherms: A review on physical bases, modeling and measurement - G. Limousin, 2007)

Sin embargo, las características adsorbentes de un carbón activado no sólo están definidas por su estructura porosa, sino también por su naturaleza química. El carbón activado presenta en su estructura átomos de carbono con valencia insaturada y, además, grupos funcionales (oxigenados y nitrogenados, principalmente) y componentes inorgánicos responsables de las cenizas, todos ellos con un efecto importante en los procesos de adsorción. Estos grupos funcionales hacen que la superficie del carbón se haga químicamente reactiva [19]. En efecto, la superficie química del carbón se puede considerar el principal factor influyente en el mecanismo de adsorción cuando se trabaja con soluciones diluidas [20].

2.2.1.4.1. Obtención

Los carbones activados se obtienen a partir de una gran variedad de precursores. Entre ellos se destacan los carbones bituminosos, turba, residuos de industrias papeleras y petroquímicas, lignito, cáscaras de almendra y coco, huesos de aceitunas, maderas y, más recientemente, plásticos [21]. Cualquier elemento orgánico con proporciones parcialmente altas de carbono es susceptible de ser cambiado en carbón activado.

Para elegir un buen material de partida se deben tener en cuenta, por lo menos, tres factores, a saber: (i) buenos recursos y bajo costo; (ii) baja capacidad en materia mineral y (iii) que el carbón obtenido tenga buenas características mecánicas y una alta capacidad de adsorción.

Desde un punto de vista constitutivos los carbones activados son muy desordenados e isótropos, por tanto, no son adecuados como precursores aquellos elementos carbonosos que pasen por un estado fluido o pseudo-fluido durante su carbonización, dado que durante la re-solidificación de esta fase suelen formarse estructuras ordenadas en los carbones resultantes.

2.2.1.5. Propiedades de los carbones activados

2.2.1.5.1. Tamaño de partícula

También llamada número de malla. Esta propiedad es muy importante por su influencia en las características de flujo, la filtrabilidad y la cinética de adsorción. La experiencia indica que la velocidad de adsorción disminuye con el incremento en el tamaño promedio de las partículas. Si una aplicación específica requiere de la difusión de un adsorbato en su estructura intrapartícula, la tasa de adsorción aumentará en tanto menor sea el tamaño. Sin embargo, para aplicaciones en lecho fijo, por ejemplo, cuanto más pequeño es el tamaño físico de las partículas mayor es su resistencia al flujo [21].

Por lo tanto, en la práctica, el tamaño de partícula promedio del carbón se debe seleccionar con buen juicio para producir un razonable equilibrio entre las ventajas competitivas de tener una rápida cinética de adsorción, versus los aumentos pasivos de la resistencia al flujo y los consiguientes costos superiores de bombeo por altas caídas de presión.

¿Cómo se mide el tamaño promedio de partícula del GAC, siendo que se compone de gránulos que no tienen forma definida? No se mide. Se estima mediante un estudio de distribución del tamaño de partícula. Para ello, se hace pasar una determinada cantidad de GAC por una batería de tamices, los cuales tienen aberturas de diferentes tamaños a fin de relacionar el tamaño de partícula de acuerdo con unos estándares. Normalmente, los tamices se construyen con telas de alambre, cuyas dimensiones y mallas están cuidadosamente normalizadas.

La información que se deriva de ese estudio se usa para especificar la uniformidad del tamaño de partícula. Dicha información se resume en dos criterios: (i) el tamaño efectivo, que corresponde al tamaño del tamiz a través del cual pasa el 10% del material y (ii) el coeficiente de uniformidad, que es la relación entre el tamaño efectivo y el tamaño del tamiz que deja pasar el 60% del material. En la ASTM D2862 se suministra el procedimiento para llevar a cabo la prueba estándar para la distribución del tamaño de partícula, y, por lo tanto, más información al respecto [21].

Comúnmente para la fase líquida los GAC son más pequeños, con 8×30 (rango de partículas que pasan por la malla número 8 (2,38 mm) y retenidas en la malla número 30), 12×20 (rango de partículas que pasan por la malla número 12 (1,68 mm) y retenidas en la malla número 20), 12×40 (rango de partículas que pasan por la malla número 12 (1,68 mm) y retenidas en la malla número 40), y 20×50 (rango de partículas que pasan por la malla número 12 (0,841 mm) y retenidas en la malla número 20). El hecho de que un carbón sea 20×50, significa que está constituido por partículas que pasarán a través de un tamiz U.S. Standard con tamaño de malla No. 20 (0,84 mm) (generalmente especificado como >85% de pasaje), pero retenido en un tamiz U.S. Standard de malla No. 50 (0,297 mm) (generalmente especificado como > 95% de retención). Esto da a entender que más del 85% del material pasará por el tamiz No. 20 y más del 95% se quedará en el tamiz No. 50. [21] [68]

El número de malla es la distribución del tamaño de un grano que incluyen arenas, gravas, carbón activado, antracita, zeolita y una amplia gama otros medios granulares. Típicamente la granulometría esta expresada en la prueba (U.S. Standard Sieve) con ayuda de una criba o pila de mallas o tamices. [21] [68]

2.2.1.5.2. Superficie específica

Se define como el área de la superficie externa y porosa del sólido por unidad de masa del material, y se entiende como la porción del área total que está disponible para la adsorción. El área específica total permite cuantificar el volumen de una monocapa de ciertos átomos específicos que recubren la superficie.

Sin embargo, este concepto debe interpretarse con discreción en el caso de los carbones activados ya que el valor determinado en una medición [de superficie específica] depende del método, las condiciones experimentales y el tamaño de la muestra [22]. La ecuación BET derivada por Brunauer, Emmett y Teller, es la más común para la determinación del área superficial de un adsorbente [23]. En la ASTM D3037 se identifica el procedimiento estándar para llevar cabo un análisis BET.

Por lo general, los valores correspondientes al área superficial de un carbón activado oscilan entre 500 y 2000 m^2/g. Intuitivamente, entre más alta la magnitud del área superficial de un carbón mayor será su capacidad de adsorción.

2.2.1.5.3. Volumen de poro

Es una medida del volumen total de poros dentro de las partículas del carbón. Se expresa por lo regular en centímetros cúbicos por gramo (cm^3/g). Generalmente, los GAC exhiben un volumen de poros cuyos valores oscilan entre 0,6 y 0,8 cm^3/g [24].

2.2.1.5.4. Número de resistencia a la abrasión

Los GAC están expuestos a una variedad de fuerzas externas durante el transporte, la carga y los flujos a contracorriente en los lechos de adsorción. Estas fuerzas pueden causar que los gránulos se aplasten en el momento del impacto, o por la abrasión gránulo a gránulo. El número de resistencia a la abrasión mide la capacidad del carbón activado para resistir la manipulación y el escurrimiento, dando la relación entre el diámetro de partículas promedio tomado al final de su uso y a la media del diámetro de partículas antes de su manipulación (determinado ambos por un análisis de malla) multiplicado por 100. El tamaño medio de partícula del GAC retenido debe ser superior o igual al 70% [de la cantidad inicial] [24].

2.2.1.5.5. Densidad real

Conocida también como densidad de helio. Se define como el cociente entre la masa del adsorbente y el volumen ocupado por esta misma masa. Corresponde a la masa de un volumen unitario de carbón cuya estructura no es penetrada por el helio. Por lo tanto, esta medida no tiene en cuenta la contribución del volumen de poros o huecos internos de la partícula y deben excluirse [24].

2.2.1.5.6. Densidad aparente

Se conoce también como densidad de mercurio. Se define como la masa [peso] de una cantidad de carbón, dividida por el volumen que ocupa (incluido el volumen ocupado por la red interna de poros dentro de las partículas y el espacio que queda entre ellas). Generalmente, un GAC basado en carbón bituminoso tiene una densidad aparente que puede oscilar entre 28 y 40 lb/ft3; basado en lignito, entre 22 y 26 lb/ft^3 y en madera entre 15 y 19 lb/ft^3. A partir del valor de la densidad aparente se puede obtener la porosidad de lecho [24].

2.2.1.5.7. Densidad de lecho

Se define como la masa de un volumen unitario de la muestra en el aire, incluyendo el sistema de poros y el espacio vacío que queda entre las partículas cuando se empacan en un lecho. Es útil en la determinación del volumen de empaque o en el cálculo de la cantidad de carbón necesaria para llevar a cabo una determinada aplicación. Generalmente, la densidad de lecho constituye un 80 - 95% del valor de la densidad aparente, para aplicaciones de adsorción en fase líquida [24].

2.2.1.5.8. Contenido de cenizas

Se refiere al porcentaje de materia mineral que tiene el carbón. Generalmente, el contenido de cenizas aumenta con el grado de activación y depende en gran medida del tipo de precursor. Los carbones derivados de concha de coco, por ejemplo, contienen de 1 a 3% en peso de cenizas; mientras que los carbones activados basados en carbón mineral tienen de 6 a 20% en peso [de las mismas] [24].

2.2.1.6. Tipos de poro en un carbón activado

El carbón activado posee una gran diversidad de tamaños de poro que pueden organizarse dependiendo su función, en poros de adsorción y poros de transporte. Los primeros radican en espacios entre placas grafíticas con un alejamiento de entre una y cinco veces el espesor de la molécula que va a retenerse. En éstos, las dos placas de carbón están lo suficientemente cerca como para ejercitar atracción sobre el adsorbato y retenerlo con mayor fuerza. [25].

Los poros de transporte funcionan como caminos de transmisión por donde circulan las moléculas hacia los poros de adsorción, en los cuales hay una atracción superior. En esta clase de poros, sólo una de las dos placas ejerce fuerza de atracción sobre el adsorbato, pero lo hace con una fuerza menos intensa, incompetente para retenerlo. No obstante, aunque tienen poco dominio en la capacidad de adsorción del carbón, perjudican la cinética.

La International Union of Pure and Applied Chemists (IUPAC) estipula una clasificación para los poros, basándose en el diámetro de estos; a saber: Microporos: menores a 2 nm (ii) Mesoporos: entre 2 y 50 nm. (iii) Macroporos: mayores de 50 nm. (Ver Figura. 2).

2.2.1.6.1. Importancia de la textura porosa de los carbones activados

Los elevados valores de superficie específica que ostentan los materiales carbonosos se deben principalmente a su porosidad, siendo los microporos los que mayor contribución tienen en el área superficial. En principio, sería válido pensar que, a mayor superficie específica, mejores serán las propiedades como adsorberte del carbón activado, puesto que igualmente se tendría un mayor número de centros activos para adsorber el adsorbato [26].

Fig. 2. Representación esquemática del sistema poroso de un carbón. Los círculos representan las moléculas del adsorbato (d = dimensión característica del poro).

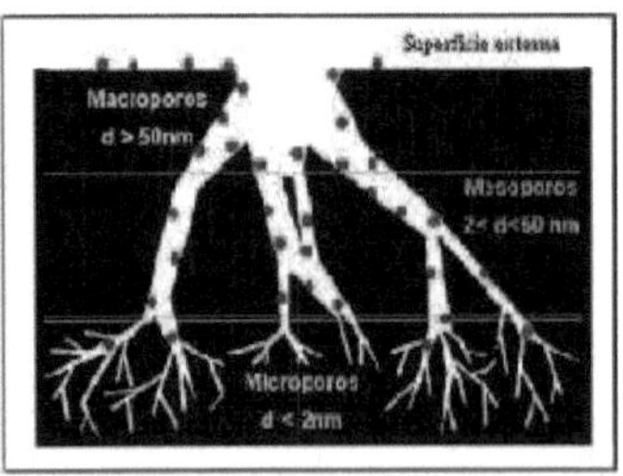

Fuente: (Residuos de biomasa para la producción de carbones activos y otros materiales de interés tecnológico - J. Á. Menéndez Díaz, 2008)

Sin embargo, esto no es totalmente cierto, ya que se debe tener en cuenta el posible "efecto de tamiz molecular". Así, dependiendo del tamaño de las moléculas del adsorbato, puede acontecer que éstas sean superiores a determinados poros y, por tanto, no toda la superficie sea alcanzable a dichas moléculas. Por otro lado, todavía hay que tener en cuenta tanto la geometría del poro como la del adsorbato. Así, por ejemplo, definidas moléculas pueden introducirse en poros con geometría del "tipo rendija" y no hacerlo en poros de dimensiones similares y geometría cilíndrica. En innumerables ocasiones también se ha contemplado que determinados compuestos se adsorben perfectamente en cierto carbón activado, mientras que la adsorción es mucho menor en otros carbones, a pesar de tener éstos una estructura porosa, una distribución de tamaños de poros y una superficie establecida muy similar [27].

2.2.1.7. Caracterización de los carbones activados

La mayoría de los parámetros que caracterizan un carbón activado son estandarizados por diferentes organizaciones a nivel mundial, tales como la American Society for Testing Materials (ASTM), la Japanese Industrial Standards (JIS) y la Europe Council of Chemical Manufacturers Federation (CEFIC), para citar unos pocos. Ellas especifican que los carbones activados se pueden caracterizar a partir de sus propiedades físicas y de actividad. Las primeras ya fueron mencionadas en el apartado propiedades de los carbones activados. Las propiedades de actividad, por su parte, se determinan a partir de pruebas sencillas, las cuales consisten en la adsorción de adsorbatos estándar que se toman como referencia y cuyos resultados dan una idea de la distribución de tamaño de poros del carbón y del potencial del carbón para remover ciertos contaminantes del agua [27]. Algunas de ellas se definen a continuación:

2.2.1.7.1. Número de yodo

Es un índice del grado de activación del carbón y del área superficial constituida por poros <1 nm [25]; por tanto, da un indicio del desarrollo microporoso del carbón. En la ASTM D4607 se detalla el procedimiento.

2.2.1.7.2. Número de azul de metileno

Es un índice de la capacidad de adsorción de grandes moléculas con dimensiones similares a la de azul de metileno. Se define como el número de mililitros de solución de azul de metileno estándar decolorada por 0,1 g de carbón activado (base seca). La molécula de A.M. es accesible a poros con diámetros de 1,5 nm aproximadamente [26].

2.2.1.7.3. Número de fenol

Esta prueba mide la adsorción de fenol (en % peso) sobre carbón activado, cuando se reduce la concentración inicial de una solución de fenol de 10 a 1 mg L^{-1}. La adsorción de fenol ocurre en ultramicroporos con diámetros menores a 0,7 nm y microporos con diámetros menores a 2 nm [27].

2.2.1.8. Equilibrio de adsorción

En la adsorción sólido-líquido, el adsorbato pasa del seno de la disolución líquida al interior de los poros del adsorbente. A medida que la adsorción avanza, la concentración del adsorbato en la fase líquida disminuye, aumentando la concentración de la fase adsorbida. Lógicamente, la velocidad de transferencia de masa disminuye a medida que lo hace la diferencia de concentraciones entre ambas fases. Después de un tiempo de contacto lo suficientemente largo, se establece un equilibrio dinámico en la superficie del adsorbente entre las moléculas del adsorbato que permanecen en la fase líquida y las que han sido adsorbidas en la fase sólida. Esta distribución del adsorbato entre las fases líquida y sólida representa el equilibrio de adsorción, que es función de una serie de parámetros tales como la concentración y naturaleza del adsorbato (o adsorbatos), la naturaleza del disolvente, la temperatura y el pH. Las representaciones gráficas o matemáticas de esta distribución constituyen las curvas o ecuaciones de equilibrio, respectivamente, las cuales se conocen también como isotermas de equilibrio, ya que se llevan a cabo a temperaturas determinadas [28].

Así pues, se puede definir una isoterma de adsorción como la relación que muestra la distribución del adsorbato entre la fase adsorbida y la solución en equilibrio, a una temperatura determinada. Dicha distribución es un factor importante para establecer la capacidad de adsorción del adsorbente, la cual puede calcularse a partir de un balance de masa en el sistema donde se lleva a cabo el experimento de equilibrio,

$$q_e = \frac{V(C_o - C_e)}{M} \qquad \text{Ec. 1}$$

Donde q_e es la capacidad de adsorción, V el volumen del sistema, M la masa de adsorbente, C_o y C_e representan las concentraciones inicial y final de soluto en la fase fluida, respectivamente. La isoterma de adsorción como tal se obtiene al graficar q_e Vs. C_e, aplicando uno de los tres métodos siguientes [29]: (i) Variando C_o, manteniendo constante M y V (ii) Variando V manteniendo constante C_o y M (ii) Variando M, manteniendo constante C_o y V.

Los índices de capacidad constituyen la primera información experimental en el diseño de cualquier sistema de adsorción. Ello permite discriminar entre diferentes carbones activados y seleccionar el más apropiado para una aplicación particular [30]. La forma de las isotermas también constituye una de las principales herramientas para diagnosticar la naturaleza de un fenómeno de adsorción específico y es expediente para clasificar un sistema. Los tipos de isotermas más comunes se detallan a continuación.

2.2.1.8.1. TIPOS DE ISOTERMAS

Según la forma de la curva que se obtenga al graficar los valores correspondientes a las concentraciones de equilibrio en la fase fluida (C_e) y la fase sólida (q_e), las isotermas se clasifican en:

2.2.1.8.2. Isoterma tipo C

Tiene la forma de una línea recta que transita por el origen [31]. (Ver Figura 3. Parte [a]). Este tipo de isotermas no es común en sistemas de adsorción cuya fase fluida es una solución diluida y el adsorbente es carbón activado [32].

2.2.1.8.3. Isoterma tipo L

Es la más común. Presenta la forma de una curva cóncava respecto al eje de las abscisas (Ver Figura 3. Parte [b]). Esta forma sugiere que la concentración del soluto en la fase sólida disminuye con el aumento de la concentración en la fase fluida [bajo condiciones de equilibrio], lo cual apunta a una saturación progresiva del adsorbente. En el estudio de este tipo de isotermas suelen presentarse dos casos (i) La curva alcanza un domo asintótico definido (el sólido tiene una capacidad de adsorción limitada) y (ii) La curva no alcanza un domo definido (el sólido no muestra con claridad una capacidad de adsorción definida). El primer caso ocurre con frecuencia cuando se satisface la teoría de Langmuir. El otro caso se da, típicamente, cuando la superficie del adsorbente es heterogénea, siendo la teoría de Freundlich la más apropiada para describir el equilibrio [33]. Cabe resaltar que a veces no es fácil distinguir entre una forma y otra [34].

2.2.1.8.4. Isoterma tipo H

Es un caso particular de la isoterma tipo L. Su forma sugiere que la afinidad es muy alta ya que se presentan elevados valores de la capacidad de adsorción incluso para pequeñas concentraciones del soluto en la fase fluida [35] (Ver Figura 3. Parte [c]).

Fig. 3. Tipos de isotermas según su forma.

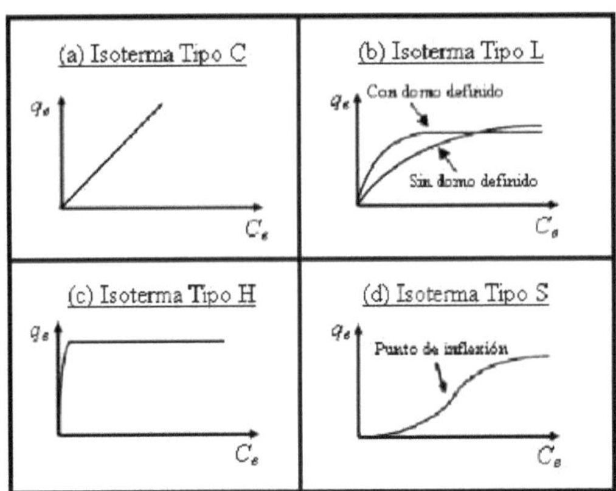

Fuente: (Sorption isotherms: A review on physical bases, modeling and measurement - G. Limousin, 2007)

2.2.1.8.5. Isoterma tipo S

Tienen forma sigmoide y exhiben un punto de inflexión (Ver Figura 3. Parte [d]). Este tipo de isotermas es siempre el resultado de la acción de dos mecanismos opuestos. Es el caso, por ejemplo, de algunos sistemas de adsorción en los que participan compuestos orgánicos no polares [36].

2.2.1.9. Factores que afectan el equilibrio de adsorción

A continuación, se detallan algunos de los factores que más afectan el equilibrio de adsorción

2.2.1.9.1. La temperatura

Por lo regular pequeñas variaciones de temperatura no influyen de manera notable en el equilibrio de adsorción de un sistema sólido-líquido [37]. Sin embargo, en la mayoría de los casos, un incremento en la temperatura del sistema produce: (i) una disminución en la viscosidad de la solución y, en consecuencia, un aumento en la velocidad de difusión de las moléculas [del adsorbato] al interior de las partículas del sólido [38] (ii) una baja en la capacidad de adsorción por debilitamiento de las fuerzas de atracción que existen entre el adsorbato y la superficie del adsorbente; fenómeno que puede atribuirse al hecho de que las moléculas de soluto ganen la suficiente energía cinética para escapar de la matriz sólida y retornar a la fase líquida [39].

2.2.1.9.2. La naturaleza del adsorbente

En el caso del carbón activado, la superficie química, la textura porosa y el contenido de materia mineral, son las características que tienen mayor influencia en la capacidad de adsorción y en la selectividad del proceso [40].

2.2.1.9.3. La naturaleza del adsorbato

Entre las características del adsorbato que ejercen mayor influencia en la capacidad de adsorción se destacan: el tamaño y el peso molecular, la solubilidad, el pKa y la estructura química. Por lo general se cumple que: (i) Un aumento en el tamaño molecular inhibe la accesibilidad del adsorbato a los poros del adsorbente, lo cual conlleva a una disminución en la efectividad de la adsorción [41] (ii) La tendencia del adsorbato a adsorberse en una superficie libre aumenta con el peso molecular (iii) A mayor solubilidad, menos posibilidad tiene el adsorbato de trasladarse de la fase fluida a la interfase para ser adsorbido (iv) La estructura química es un factor muy complejo.

Cada adsorbato se comporta de una forma distinta ante un adsorbente. Los compuestos aromáticos, por ejemplo, son mejores adsorbatos que los compuestos alifáticos de tamaño molecular parecido y la influencia del grupo sustituyente depende de la posición que ocupe -orto, meta para [42]- (v) El pKa representa el grado de disociación de la sustancia y su efecto en la capacidad de adsorción lo comparte con el pH de la solución [43].

2.2.1.9.4. El pH de la solución

En la mayoría de los casos, el pH ejerce una gran influencia en la capacidad de adsorción ya que controla el grado de disociación o ionización de los electrolitos [y especies] presentes en la solución, lo cual afecta las interacciones electrostáticas adsorbato-adsorbato y determina la carga superficial del sólido, afectando también las interacciones adsorbato-adsorbente [44].

2.2.1.9.5. La concentración inicial del soluto

Un aumento en la concentración del adsorbato contribuye a un mayor aporte de sus moléculas a la fase fluida, y en consecuencia a un aumento en la probabilidad de que [estas] se difundan al interior de la red porosa del sólido para ser adsorbidas. Por lo tanto, cuanto mayor sea la concentración inicial del adsorbato en la solución, mayor será la capacidad de remoción del adsorbente.

Se va a requerir un tiempo de residencia más alto en los equipos de contacto a fin de lograr un mayor porcentaje de remoción y evitar la presencia de altas concentraciones de adsorbato al final de una aplicación [45]. En una operación en lecho fijo, por ejemplo, el tiempo de ruptura será menor cuanto mayor sea la concentración inicial de la solución a tratar.

2.2.1.10. Modelos de equilibrio de adsorción

Existen un gran número de expresiones matemáticas para describir el equilibrio de adsorción, cada una de ellas con un nivel de complejidad diferente. La diferencia entre estos modelos radica en las diferentes hipótesis iniciales y, en consecuencia, en el número de parámetros característicos de la ecuación que representa el equilibrio [46]. A continuación, se presentan algunas de las isotermas de adsorción que tienen mayor relevancia o interés en el análisis de los datos de equilibrio obtenidos en sistemas sólido-líquido.

2.2.1.10.1. Isoterma lineal

La expresión más simplificada corresponde al caso de una isoterma lineal, conocida también como la ley de Henry. Esta isoterma se aplica básicamente en sistemas con concentraciones bajas de adsorbato en la fase líquida y en los cuales las moléculas adsorbidas se encuentran separadas entre sí en la superficie del adsorbente, de manera que ninguna de ellas interacciona ni influye en la adsorción de las otras [46].

La ley de Henry supone que la cantidad de soluto adsorbida es directamente proporcional a su concentración en el fluido, de tal manera que la ecuación que se obtiene es:

$$q_e = K_H C_e \qquad \text{Ec. 2}$$

Donde q_e es la concentración del soluto en la fase sólida, es decir, la masa de sustancia adsorbida por unidad de masa adsorbente; K_H es la constante de Henry y C_e es la concentración del soluto en la solución cuando se alcanza el equilibrio.

2.2.1.10.2. Isoterma de Langmuir

El modelo de Langmuir es el primer modelo teórico que se propuso. Este modelo presenta las siguientes consideraciones: (i) la superficie del adsorbente es homogénea, lo cual implica que la energía de adsorción es la misma en todos los puntos y la adsorción ocurre en una superficie de sitios idénticos e igualmente disponibles [47] (iii) la adsorción máxima corresponde a una monocapa saturada de moléculas de adsorbato sobre la superficie del adsorbente y (iv) no existe migración del adsorbato sobre la superficie del adsorbente ni tampoco interacciones entre las moléculas adsorbidas.

La ecuación de esta isoterma es la siguiente:

$$q_e = \frac{q_m b C_e}{1 + b C_e} \qquad \text{Ec. 3}$$

Donde q_e y C_e tienen el mismo significado que en la isoterma lineal, q_m es la máxima capacidad de adsorción y b es una constante relacionada con la energía de adsorción. Matemáticamente, la expresión (anterior) se puede linealizar de dos formas:

De acuerdo con la representación de Stumm y Morgan [48] (Forma I):

$$\frac{1}{q_e} = \frac{1}{q_m} + \frac{1}{q_m b C_e} \qquad \text{Ec. 4}$$

Y de acuerdo con la representación de Weber [22] (Forma II):

$$\frac{C_e}{q_e} = \frac{1}{b q_m} + \frac{C_e}{q_m} \qquad \text{Ec. 5}$$

Si la adsorción obedece la ecuación de Langmuir, q_m y b pueden evaluarse de las pendientes e interceptos de las gráficas C_e/q_e Vs. C_e (Forma II) o $1/q_e$ Vs. $1/C_e$ (Forma I). Cabe resaltar que el modelamiento de los resultados experimentales de las isotermas de adsorción usando el modelo de Langmuir presenta notables diferencias cuando se usan las Formas I o II indistintamente. Al parecer el método de linealización interviene en la estimación de los parámetros de la isoterma [49].

Generalmente, se define un factor R_L que indica si la isoterma es favorable o no. En términos de la constante b, el factor R_L está dado por la expresión:

$$R_L = \frac{1}{1 + bC_o} \qquad \text{Ec. 6}$$

El parámetro R_L indica la forma de la isoterma de acuerdo con la Tabla 2.

Tabla 2. Tipos de isotermas según el valor del factor de separación RL.

VALOR DE RL	TIPO DE ISOTERMA
RL > 1	Desfavorable
RL = 1	Ley de Henry
RL = 0	Irreversible
0 < RL >1	Favorable

Fuente: (Adsorption in Physicochemical Processes for Water Quality Control, - J. WEBER, R. L. METCALF y J. N. PITTS, 1972)

Si la isoterma es favorable, la transferencia de masa desde el seno de la fase líquida hacia el sólido es factible, lo cual indica que el adsorbente tiene una alta afinidad por el adsorbato. El caso contrario se denomina desfavorable.

Por otra parte, el caso límite de una isoterma favorable es la isoterma irreversible, donde la cantidad adsorbida es independiente de la disminución de concentración hasta valores muy bajos. (Ver Figura 4).

Fig. 4. Tipos de isotermas según el valor de RL

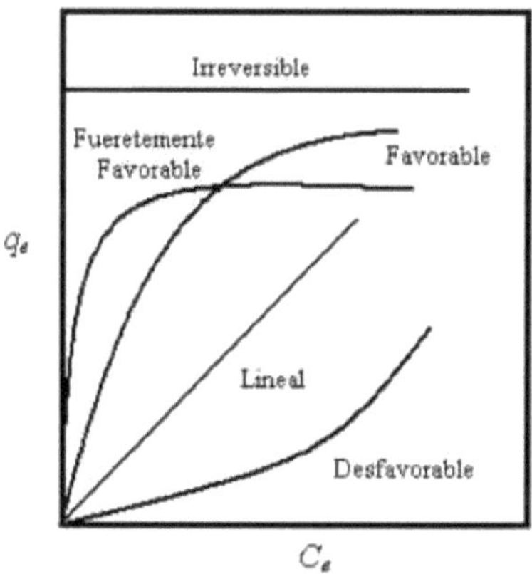

Fuente: (Adsorption in Physicochemical Processes for Water Quality Control, - J. WEBER, R. L. METCALF y J. N. PITTS, 1972)

2.2.1.10.3. Isoterma de Freundlich

El modelo de Freundlich es el primer modelo empírico que se utilizó con éxito para el caso de la adsorción en sistemas sólido-líquido. Las suposiciones hechas se describen a continuación: (i) no se produce asociación, disociación ni cambio en la configuración de las moléculas una vez adsorbidas (ii) hay una ausencia completa de adsorción química [50] (iii) la superficie del adsorbente es heterogénea, lo cual implica que los sitios de adsorción no son idénticos, tienen energías de adsorción distintas y no están siempre disponibles (iv) la adsorción se da en múltiples capas. No es una relación razonable para soluciones muy diluidas [51].

La ecuación del modelo de Freundlich es la siguiente:

$$q_e = K_F C_e^{1/N_F} \qquad \text{Ec. 7}$$

Donde q_e y C_e tienen el mismo significado que en la isoterma lineal; K_F es un parámetro que depende de la naturaleza del sistema adsorbato-adsorbente y de la superficie específica del primero; N_F es un parámetro empírico que representa la magnitud de las interacciones sobre el adsorbente.

El modelo de Freundlich suele expresarse en forma lineal a través de la siguiente expresión:

$$\log q_e = \log K_F + \frac{1}{N_F} \log C_e \qquad \text{Ec. 8}$$

La ecuación anterior indica que una representación logarítmica de q_e en función de C_e conduce a una línea recta que permite la determinación de los parámetros N_F y K_F a partir de la pendiente y el intercepto, respectivamente [51].

2.2.1.10.4. Isoterma de Redlich-Patterson

Esta isoterma es más general que la de Freundlich y la de Langmuir. Las suposiciones hechas son las siguientes: (i) la adsorción se da en superficies heterogéneas y (ii) se puede retener más de una capa de moléculas de soluto sobre el adsorbente [52].

La isoterma de Redlich-Paterson establece una ecuación de equilibrio de la forma:

$$q_e = \frac{K_R C_e}{1 + a_R C_e^{\beta}} \qquad \text{Ec. 9}$$

Donde q_e y C_e tienen el mismo significado que antes, mientras que K_R y a_R son constantes empíricas que determinar. Cuando β es igual a 1, la ecuación resultante es la de Langmuir. Por otra parte, cuando β es igual a 0, es decir, para bajas concentraciones de adsorbato, la isoterma de Redlich-Paterson coincide con la ley de Henry [53]. La ecuación 9 en forma lineal está dada por la siguiente expresión:

$$\log\left[K_R \frac{C_e}{q} - 1\right] = \log a_R + \beta \log C_e \qquad \text{Ec. 10}$$

Donde las constantes a_R y β pueden ser estimadas de la pendiente y el intercepto de la ecuación de la línea recta.

2.3. MARCO LEGAL

En el marco de la normatividad colombiana de acuerdo con el Ministerio de Ambiente y Desarrollo Sostenible en la resolución 0631 de 2015 de marzo 17 de 2015 se establecen parámetros y valores límites admisibles en los vertimientos puntuales a cuerpos de aguas superficiales y a los sistemas de alcantarillado público y se dictan otras disposiciones. Esto con el fin de tratar los diferentes efluentes que se han visto afectados por la coloración de aguas, haciendo uso de varios procesos de tipo fisicoquímicos, por ejemplo, la adsorción por carbón activado [pertinente en este proyecto], la floculación, oxidación química, fotoquímica, ozonización, filtración, intercambio iónico e irradiación, entre muchos otros ejemplos.

La normatividad contempla que las coloraciones que presentan las aguas residuales con indicadores de contaminación son a causa de compuestos o sustancias tinturantes tales como azul de metileno, rojo congo, naranja de metileno, entre otros. La coloración es notoria incluso a concentraciones bajas en medio acuoso, por lo que la descarga de estas aguas residuales en el ecosistema es fuente total de contaminación, alteración y trastorno para el desarrollo de vidas acuáticas. Como una medida de protección al medio ambiente se ha promulgado la resolución 0631 de 2015, que tiene por objetivo regular la concentración de contaminantes en vertimientos.

La normatividad es de estricto rigor para vertimientos puntuales a cuerpos de aguas superficiales y a los sistemas de alcantarillado público, buscando reducir y controlar las sustancias contaminantes que llegan a los ríos, embalses, lagunas, cuerpos de agua naturales o artificiales de agua dulce, y al sistema de alcantarillado público, para de esta forma, aportar al mejoramiento de la calidad del agua y trabajar en la recuperación ambiental de las arterias fluviales del país.

La resolución es de obligatorio cumplimiento para todas aquellas personas que desarrollen actividades industriales, comerciales o de servicios y que en el desarrollo de estas generen aguas residuales, que serán vertidas en un cuerpo de agua superficial o al alcantarillado público. El control se realizará a partir de la medición de la cantidad de sustancias descargadas, que es lo que impacta en la calidad del agua, y no el proceso de tratamiento. Las mediciones se realizarán en mg/L.

Artículo 2.2.3.2.20.1. Clasificación de las aguas con respecto a los vertimientos.

Para finalidad de aplicación del artículo 134 del Decreto -Ley 2811 de 1974, se dispone la siguiente distribución de aguas con relación a los vertimientos:

Clase I. Cuerpos agua que no aceptan vertimientos.

Clase II. Cuerpos de aguas que aceptan vertimientos con algún procesamiento. (Art. 205 d 1541 de 1978)

Artículo 2.2.3.2.20.2. Concesión y permiso de vertimientos. Si como resultado del aprovechamiento de aguas en cualquier utilización prevista por el artículo 2.2.3.2.7.1 de este Decreto se han de incorporar a las aguas sustancias o desechos, se solicitará permiso de vertimiento el cual se tramitará junto con la diligencia de concesión o permiso para el uso del agua o después a tales actividades sobrevienen al otorgamiento del concesión o permiso. (Art. 208 D 1541 de 1978)

Artículo 2.2.3.2.23.3. Vertimientos puntuales a los sistemas de alcantarillado público. Las empresas sólo podrán ser acreditadas a liberar sus efluentes en el sistema de alcantarillado público, siempre y cuando ejecuten la norma de vertimientos puntuales a los sistemas de alcantarillado público. (Art. 230 D 1541 de 1978)

Artículo 2.2.3.3.1.2. Ambiente de aplicación. El vigente decreto implica a las autoridades ambientales definidas en el presente decreto, a los productores de vertimientos y a los prestadores del servicio público domiciliario de alcantarillado.

Artículo 2.2.3.3.1.3. Definiciones

Aguas servidas: Restantes líquidos procedentes del uso doméstico, comercial e industrial.

Usuario de la autoridad ambiental competente: Cualquier individuo natural o jurídica de derecho público o privado, que tenga autorización de vertimientos, plan de ejecución o plan de depuración y empleo de vertimientos para la colocación de sus vertimientos a las aguas superficiales, marinas o al suelo.

Consumidor y/o signatario de una Compañía Prestadora del Servicio Público de Alcantarillado: Cualquier individuo natural o jurídica de derecho público o privado, que produzca vertimientos al sistema de alcantarillado público.

Vertimiento: Liberación final a un cuerpo de agua, a un alcantarillado o al suelo, de componentes, elementos o compuestos incluido en un recurso líquido.

Vertimiento puntual: El que se ejecuta a partir de un método de conducción, del cual se necesita la zona exacta de descarga al cuerpo de agua, al alcantarillado o al suelo.

Decreto 1076 de 2015 (3930 de 2010) es muy amplio ya que contempla:

a) regula usos y calidad del agua,

b) ordenación de cuentas,

c) lo relacionado con vertimientos,

d) planes de inversión y compensación, entre otros.

¿Qué es la norma de vertimientos?

Reglamenta el artículo 28 del Decreto 3930 de 2010, y va a permitir el control de las sustancias contaminantes que llegan a los cuerpos de agua sin causar daño ambiental y sin afectar la calidad de recuro híbrido por cada actividad productiva. El Ministerio de Medio Ambiente y Desarrollo Sostenible es responsable de la expedición de la Norma y de fijar los parámetros y los límites máximos permitidos; sin embargo, es responsabilidad del Autoridad Nacional Ambiental, de las autoridades ambientales departamentales y municipales hacer el control y seguimiento al cumplimiento de esta normativa.

¿Cuándo se requiere permiso de vertimientos?

Artículo 145 del Código RNRPMA *"(...) Cuando las aguas servidas no puedan llevarse a sistema de alcantarillado, su tratamiento deberá hacerse de modo que no perjudique las fuentes receptoras, los suelos, la flora o la fauna. Las obras deberán ser previamente aprobadas (...)".*

El permiso es para una actividad restringida. Habilita una actividad bajo condiciones especiales.

Se rige por las reglas de la Ley 1437 y el Decreto 3930 (norma especial). Ver: 5 días para recursos y no 10.

Artículo 2.2.3.5.1. Decreto 1076 de 2015 *Requisito de permiso de vertimiento*. Cualquier individuo natural o jurídica cuya ocupación o trabajo produzca vertimientos a las aguas superficiales, marinas, o al suelo, tiene por obligación solicitar y gestionar ante la autoridad ambiental capacitado, el correspondiente consentimiento de vertimientos. (Art. 41, Decreto 3930 de 2010).

Se entiende que cuando el vertimiento se realice a tres objetos (aguas superficiales, la mar o al suelo) se requiere permiso.

Parágrafo art. 41 decreto 3930/10

Decreto 3930 de 2010 Artículo 41. Parágrafo 1°. *Se exceptúan del permiso de vertimiento a los usuarios y/o suscriptores que estén conectados a un sistema de alcantarillado público.*

El parágrafo fue suspendido provisionalmente por la Sección Primera del Consejo de Estado mediante Auto 245 de 13 de octubre de 2011 - Expediente No. 11001-03-24-000-2011-00245-00.

Decreto 1076 de 2015: La compilación del Decreto se contrae a la normatividad válido al momento de su expedición. Prohibiciones, sanciones, caducidad, control y vigilancia.

¿Quién responde? Titular del instrumento de manejo y control ambiental (Sociedad) Grupo empresarial.

¿Por qué responde?

- Vulneración a las normas ambientales.
- Violación a la Licencia Ambiental y demás instrumentos de manejo y control ambiental.
- Comisión de un daño ambiental.

Sanción Administrativa

- Sanciones diarias hasta por cinco mil (5.000) salarios mínimos mensuales legales vigentes.
- Suspensión provisional o indiscutible del comercio, construcción o actividad.

- Revocatoria o conclusión de autorización ambiental, otorgamiento, permiso o consentimiento.
- Destrucción de obra a costa del infractor.
- Confiscación decisiva de modelo, especies silvestres exóticas, productos y subproductos, elementos, medios o herramientas empleadas para cometer la falta.
- Reintegro de especies de fauna y flora silvestres.
- Trabajo corporativo según condiciones instauradas por la autoridad ambiental.

Responsabilidad Penal

Delitos ambientales. Tipos penales de resultado: Exigen una transformación del mundo exterior (alteración de medio ambiente), se exige por ejemplo que la contaminación lesione el bien jurídico tutelado, es decir, ponga en peligro la salud humana, los recursos fáunicos, forestales, florísticos o hidrobiológicos.

Tabla 3. Tipos de delitos y penas correspondientes.

DELITO	PENA
Ilícito aprovechamiento de los recursos naturales renovables	48 a 108 meses y multa de 35.000 s. m. m. v
Daños en los recursos naturales	Prisión de 48 a 108 meses y multa de 133.33 a 15.000 s. m. m. v
Contaminación ambiental	Prisión de 5 a 112 meses y multa de 140 a 50.000 s. m. m. v

Fuente: (DERECHO SANCIONATORIO AMBIENTAL, M. d. P. García y Ó. D. Amaya, U. Externado de Colombia, 2013)

2.4. MARCO CONCEPTUAL

ACTIVACIÓN

Se basa en hacer reaccionar al elemento activante con los átomos de carbono del carbonizado que está siendo activado; de manera que se provoca un "quemado selectivo" que va perforando paulatinamente al carbonizado, produciendo poros y agrandando la porosidad hasta cambiarlo en un carbón activado [27].

ADSORBATO

Substancias absorbidas por un carbón activo o por otra materia adsorbente [27].

ADSORBENTE

Superficie sobre la que sucede la adsorción. Material, como el carbón activo, en el que se comprueba el fenómeno de adsorción.

ADSORCIÓN

La adsorción es un fenómeno superficial que consiste en la retención temporal de las moléculas de un fluido (adsorbato) sobre la superficie de un sólido (adsorbente).

ÁREA SUPERFICIAL

Cantidad de superficie expuesta al grupo de los poros del carbón. Se determina en base a una isoterma de adsorción, conforme al procedimiento de BET. Se expresa en m^2/g [27].

AZUL DE METILENO

El azul de metileno, también llamado cloruro de metiltioninio, es un compuesto orgánico. El azul de metileno es ampliamente utilizado. En medicina, el azul de metileno se utiliza para probar la permeabilidad de los tejidos biológicos o de un órgano. [55].

CARBÓN

El carbón es una roca sedimentaria compuesta principalmente por una fracción orgánica (macérales) y, en menor proporción, por sustancias minerales, que contienes asimismo agua y gases en poro su microscópicos [57].

CARBÓN ACTIVADO

El carbón activado es un polvo de color negro, inodoro, insípido, se obtiene de la cáscara del coco y de la pulpa de la madera, por pirrólisis de sustrato orgánico sometido luego a un lavado con ácido y activación bajo corriente de gas oxidante a 600-900 °C lo que otorga una superficie de adsorción entre 900 a 3500 m^2/gramo y aumenta dos a tres veces el poder de adsorción [58].

CARGA HIDRÁULICA

Medida determinada que circula a través de un pilar, expresada como razón del caudal por cantidad de superficie (ej. [m^3/h]/[m^2]) [59].

COLUMNA DE CARBÓN

Columna rellenada con carbón activo granulado cuya función principal es la adsorción preferencial de moléculas determinadas [60].

CURVAS DE RUPTURA

El movimiento progresivo de la zona de absorción en una columna empacada puede verse mediante la figura de las conocidas "curvas de rotura" [61].

DENSIDAD APARENTE

Es el peso por unidad de dimensión de una masa uniforme de carbón activo de cualquier tipo. Para afirmar el sedimento uniforme del carbón granulado en el cilindro registrado, se emplea un sistema de alimentación por medio de tolvas vibrantes [60].

DENSIDAD DEL CARBON

La consistencia del carbón vegetal es una cualidad física importante ya que, densidades altas a igualdad de peso, suponen volúmenes más pequeños y por tanto más facilidad de transporte [27].

DENSIDAD REAL

Es la consistencia del esqueleto de una molécula de carbón. Queda establecido por desplazamiento de dimensiones de aire, en el interno de la estructura porosa, con helio o con mercurio. Normalmente se acerca a la del grafito [60].

DIÁMETRO MEDIO DE LAS PARTÍCULAS

Corresponde a la media, pesada, del tamaño de los granos de un carbón granulado. Puede conseguirse a partir de un estudio de cribado, aumentando el peso de cada uno de los trozos por el adecuado espesor medio de los granos [27].

DISTRIBUCIÓN DE LOS POROS

Medición de la estructura de los poros que atribuyen a los carbones activos su particular capacidad adsorbente. Se puede representar de dos formas: -por asignación integral, que determina la concordancia entre las dimensiones de los poros (o sea, el radio o el diámetro) y el volumen total de todos los poros superiores o inferiores a dicha dimensión; -por distribución derivada, que señala la cuantía de volumen asociado a los poros cuya dimensión esté englobada entre dos valores determinados [27].

DUREZA

Medición de la fuerza de un carbón granulado a la acción degradante conseguida con esferas de acero en un molino de tambor rotante. Se calcula pesando la cantidad de carbón atrapada en la malla de un cedazo establecido tras haber pulverizado el carbón. Se expresa en % respecto de la cantidad inicial [60].

GRANULOMETRIA

Se expresa normalmente en mesh, que señalan las medidas de cedazo en medio de las que el carbón puede, respectivamente, pasar o quedar atrapado [60].

ISOTERMA DE ADSORCIÓN

Medida de capacidad de adsorción en función de la condensación del elemento adsorbido (adsorbato) a una temperatura preestablecida. Puede representarse como una curva en un diagrama en el que se representa la cantidad adsorbida por unidad de peso del adsorbente, y la concentración en el punto de equilibrio adsorbato [60].

HUMEDAD DEL CARBON

La humedad de la madera influye mucho más en el rendimiento del carbón vegetal obtenido, que la especie de la que se obtiene el mismo. A mayor humedad, menor rendimiento [61].

LECHO

Consiste en una columna conformada por moléculas sólidas, a través de las cuales transita un fluido (líquido o gas) que puede ser liberado de ciertas impurezas y soporta una caída de presión. [27].

LECHO FIJO

Técnica de adsorción en el que el material adsorbente se mantiene fijo, en el interior de la columna, hasta su completa saturación [60].

LIQUIDO

Es uno de los tres estados de agregación de la materia. Este estado de la materia se caracteriza por tener forma de fluido altamente incomprensible (esto es, que su volumen es constante en condiciones de temperatura y presión moderadas).

MACROPOROS

Son poros incluidos en el carbón activo cuyo diámetro es superior a los 500 Angstroms [60].

MESOPOROS

Son poros incluidos en el carbón activo cuyo diámetro esta comprende entre los 500 y los 30 Angstroms [60].

MICROPOROS

Son poros incluidos en el carbón activo cuyo diámetro es inferior a los 30 Angstroms [60].

PÉRDIDA DE CARGA

Caída de presión que tiene lugar mientras ocurre el paso de un fluido por medio de una columna que contiene carbón activo. Queda establecida por la resistencia dinámica contrarias a las partículas de carbón al paso del fluido [60].

QUIMIADSORCIÓN

Adsorción en la que las fuerzas de contacto que ligan las partículas del adsorbato a la superficie del adsorbente son de propiedad química (valencias) en lugar de físicas (Van der Vaals) [60].

REACTIVACIÓN

Restitución del volumen de adsorción de un carbón saturado. Puede efectuarse mediante tratamiento térmico, físico o químico [27].

PODER CALORIFICO

El poder calorífico se conoce como la proporción de energía que libera un combustible por unidad de masa al quemarse. A mayor capacidad en carbono, mayor es el poder calorífico [63].

PORO

Son espacios vacíos o huecos entre los microcristales que constituyen el carbón [27].

SOLUCIÓN

Sistema homogéneo constituido por 2 o más sustancias, cuya composición puede variar continuamente dentro de ciertos límites [64].

SOLVENTE

Componentes de una disolución que se halla en mayor proporción; si solvente y soluto y encuentran en diferente estado, el disolvente es siempre el que no varía de estado tras la disolución [64].

SOLUTO

Son los componentes que se encuentran en menor proporción en una disolución [64].

SUPERFICIE ESPECÍFICA

La superficie específica es el resultado entre la superficie y la unidad de masa. Los elementos con abundantes poros tienen una superficie determinadamente alta, mientras que los materiales con pocos poros tienen una superficie baja [27].

TASA O ÍNDICE DE CARGA

Capacidad máxima de adsorción de un carbón activo en las circunstancias de trabajo y dentro de los términos de rentabilidad pronosticados por el proyecto [60].

TIEMPO DE CONTACTO

Tiempo que precisa una corriente para traspasar una columna de carbón, considerando que toda corriente fluye a semejante velocidad. Es igual al volumen del lecho de carbón, en vacío, dividido por el volumen del efluente [60].

VOLUMEN DE LOS POROS

Es la adición de los macros, meso y microporos, en un carbón activo, o sea su volumen total. Se expresa en cm^3 /g [27].

VOLUMEN DE LOS VACÍOS

Es la adición de los volúmenes de todos los intersticios que permanecen sueltos entre las partículas de carbón en una columna. Se evidencia como porcentaje del volumen total del lecho [27].

2.5. HIPÓTESIS

Esta se fundamenta con los modelos de adsorción de Langmuir y Freundlich usados en la descripción matemática de la remoción de azul de metileno en disolución acuosa sobre carbón activado granular, muestran que los datos de equilibrio obtenidos en el estudio se ajustan muy bien al modelo de Freundlich y a su vez si se aumenta la concentración inicial de azul de metileno el tiempo de ruptura disminuye y la capacidad de adsorción aumenta.

2.6. VARIABLES

2.6.1. VARIABLES INDEPENDIENTES

Flujos volumétricos, temperatura, presión, tiempo, altura del lecho, diámetro del lecho, masa.

2.6.2. VARIABLES DEPENDIENTES

Concentración de la fase fluida, concentración de las partículas de adsorbente, velocidad de adsorción.

2.6.3. OPERACIONALIZACION DE VARIABLES

Tabla 4. Tabla de variables.

	VARIABLES	DIMENSIONES	UNIDADES
VARIABLES INDEPENDIENTES	Flujos Volumétricos	Física	m^3/h
	Presión	Física	Kpa
	Tiempo	Física	S
	Masa	Física	Kg
	Altura del lecho	Física	M
	Diámetro del lecho	Física	M
VARIABLES DEPENDIENTES	Concentración de la fase fluida	Física	mg/L (ppm) o mg/L
	Concentración de las partículas de adsorbente	Física	mg/L (ppm) o mg/L (ppb)
	Velocidad de adsorción.	Física	Kg aire/m^2•h

Fuente: (Autores de tesis; E. De Avila, E. Puello y P. Castilla - 2018)

3. DISEÑO METODOLOGICO

3.1. TIPO DE INVESTIGACIÓN

Este proyecto se enmarca en un tipo investigación aplicada, ya que permite transformar todos los conocimientos teóricos que provienen de una determinada investigación básica proveniente de un conjunto de conceptos, teorías, diseños y prototipos buscando la aplicación o utilización de los conocimientos adquiridos que tiene por objetivo el diseño de un equipo de adsorción en lecho fijo, en el cual se ha utilizado como metodología, el método sistémico y un diseño experimental puro, debido a que nos permite establecer los parámetros de diseño y operativos de las columnas para la remoción optima de azul de metileno y por último ajustar los datos de equilibrio obtenidos experimentalmente a los modelos de Langmuir, Freundlich y Redlich-Paterson a fin de estimar los parámetros característicos del modelo que mejor describa el comportamiento de equilibrio del sistema en cuestión.

3.2. DISEÑO ADOPTADO

El diseño adoptado para la investigación es un experimento verdadero y/o puro, ya que se manipularán variables fundamentales de tipo (independiente, dependiente) como lo son las siguientes: Velocidad de adsorción, concentración de las partículas de adsorbente, concentración de la fase fluida y diámetro del lecho, estas variables permite el dimensionamiento correcto para el diseño, construcción y montaje de un equipo de adsorción con dos columnas, a escala de laboratorio.

3.3. ENFOQUE ADOPTADO

Este proyecto se realizará desde el enfoque cuantitativo, ya que permite el montaje e instalación de un equipo de adsorción con dos columnas, a escala de laboratorio, empleando las técnicas para la eliminación de colorantes en aguas residuales, las cuales se dividen en tres importantes categorías: los métodos químicos, biológicos y físicos. Para este caso en particular se emplea el método físico, la adsorción es el método más eficaz, sobre todo si el adsorbente es barato y muestra una alta capacidad de adsorción para la eliminación de colorantes de las aguas residuales.

Este proyecto evaluara la capacidad de adsorción de un carbón activado comercial en la remoción del colorante ácido azul de metileno (AM) en disolución acuosa, modificando el pH y la concentración inicial de las disoluciones estudiadas, seguidamente el equipo brinda una series de experiencias para la obtención y recolección de información, comparación y tabulación de los datos para verificarlos con los resultados bibliográficos mediante modelos los matemáticos de Langmuir, Freundlich y Redlich-Paterson.

3.4. POBLACIÓN Y MUESTRA

La población son los estudiantes de la Universidad de San Buenaventura seccional Cartagena, específicamente del programa de Ingeniería Química en el área de las Operaciones Unitarias.

3.5. TÉCNICAS DE RECOLECCIÓN DE LA INFORMACIÓN

3.5.1. FUENTES PRIMARIAS

La información primaria de este proyecto se toma de los conceptos técnicos, que deben emplear para diseñar, construir y poner en marcha un sistema de adsorción en los laboratorios de la Universidad de San Buenaventura Seccional Cartagena, ya que este proyecto será de gran utilidad para fortalecer los conocimientos adquiridos en las aulas de clases y a su vez brindar a los estudiantes diversidad de prácticas.

3.5.2. FUENTES SECUNDARIAS

La información secundaria se fundamenta en los criterios de diseño y en los modelos matemáticos, ya que estas que son la respuesta dinámica de la columna a un cambio pasó en la concentración de entrada.

Un gran número de investigadores ha estudiado el problema, y las soluciones obtenidas se han clasificado en dos grupos generales: teorías de equilibrio y de no equilibrio.

3.6. PLAN DE TRABAJO

Para efectos de este proyecto, se va a llevar a cabo una serie de etapas que permiten obtener la información necesaria para el diseño del sistema de adsorción en cuestión. Para ello, el trabajo experimental se va a ejecutar sistemáticamente de la siguiente manera:

- Montaje y puesta en marcha del equipo titulado diseño, construcción y puesta en marcha de un equipo de adsorción con dos columnas a escala de laboratorio, el cual que se van a utilizar en las experiencias de equilibrio, cinética y adsorción en lecho fijo.

- Obtención de las isotermas de adsorción de azul de metileno en el carbón activado seleccionado, a fin de estimar las capacidades de adsorción en el equilibrio.

- Obtención de las curvas de decaimiento. Se entiende por curva de decaimiento aquella que resulta de graficar la concentración de soluto en la fase fluida contra el tiempo, hasta alcanzar el equilibrio.

- Obtención de las curvas de ruptura para la adsorción de azul de metileno en las columnas de carbón activado granular, variando la concentración inicial del alimento y dejando fijo las variables del diámetro de partícula y la altura del lecho adsorbente.

- Ajuste de los datos de equilibrio obtenidos experimentalmente a los modelos de Langmuir y Freundlich a fin de estimar los parámetros característicos del modelo que mejor describa el comportamiento de equilibrio del sistema en cuestión.

➤ Diseño, construcción y puesta en marcha de un equipo de adsorción con dos columnas a escala de laboratorio con premisa en la experiencia adquirida en la decoloración de soluciones acuosas de azul de metileno usando carbón activado.

3.6.1. Diagrama de Flujo de las distintas fases del proyecto

Esquema 1. Diagrama de flujo de las distintas fases del proyecto.

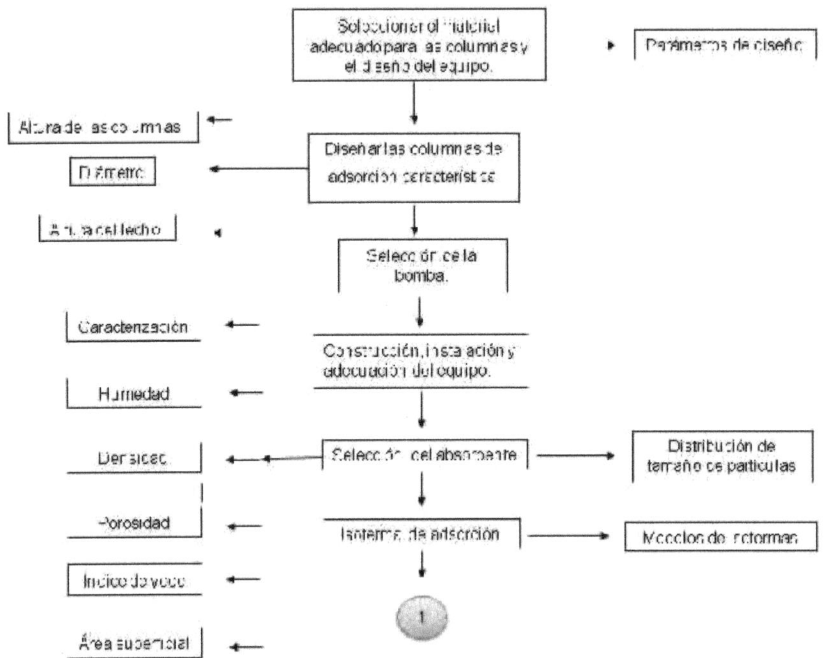

Fuente: (Autores de tesis; E. De Avila, E. Puello y P. Castilla - 2018)

Esquema 2. Continuación diagrama de flujo de las distintas fases del proyecto.

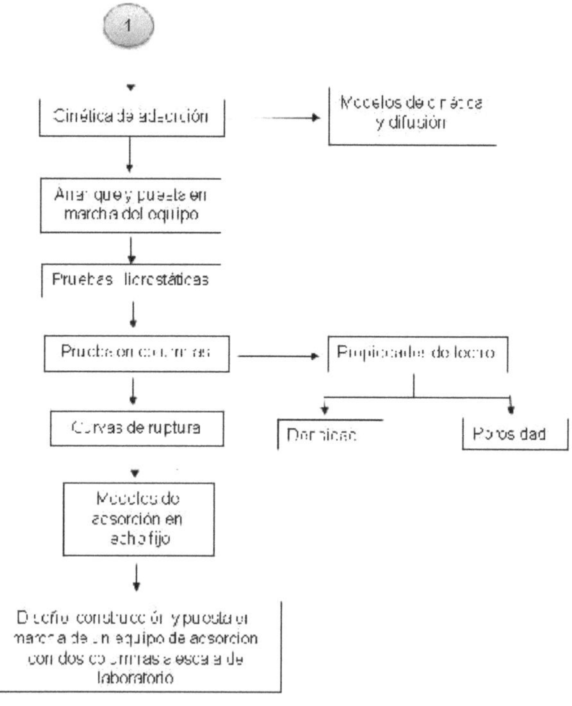

Fuente: (Autores de tesis; E. De Avila, E. Puello y P. Castilla - 2018)

4. RESULTADOS

4.1. SELECCIÓN DEL ADSORBENTE

Con la finalidad de cumplir objetivos, se seleccionó previamente como adsorbente el carbón activo granular evaluando proveedores como: FiltraH_2O LTDA, CABOT CORPORATION y HERGRILL Y CIA LTDA. El proveedor que presentó mejor propuesta para las especificaciones técnicas pertinentes del proyecto fue CABOT CORPORATION, ofreciendo un carbón activado granular (CAG) capaz de eliminar de manera efectiva sustancias, agentes contaminantes o impurezas presentes en el agua y garantizando adsorciones superiores y dureza en una amplia gama de aplicaciones.

Más allá de la asistencia en la selección del carbón activado apropiado según los objetivos del tratamiento de aplicación y el compuesto que se desea remover, las características de adsorción del CAG lo convierten en una opción ideal para las aplicaciones de tratamiento de agua, decoloración, purificación y la remoción de impurezas de agua de procesos industriales. Se escogió el producto NORIT® GAC 830W porque es un carbón activado líder en la industria y ofrece un amplio portafolio de especificaciones para satisfacer necesidades de procesamiento químico, desde la obtención de niveles de pureza que cumplan normas exigentes hasta ayudar a asegurar que los productos intermedios no agreguen contaminantes que tengan un impacto en otras etapas más avanzadas de los procesos. Estos productos están disponibles en una variedad de formas, que incluyen lechos fijos para aplicaciones de catálisis y sistemas de inyección de carbón activado en polvo para la remoción de contaminantes [54].

Las especificaciones y caracteristicas del carbon activado granular NORIT® GAC 830W de acuerdo con su ficha técnica son las siguientes:

Fig. 5. Especificaciones técnicas de NORIT® GAC 830W.

SPECIFICATIONS		
[illegible]	[illegible] 950	-
Particle size > 8 mesh (2.36 mm)	max. 15	mass-%
Particle size < 30 mesh (0.60 mm)	max. 5	mass-%
[illegible]	max. 5	[illegible]

Fuente: (Specifications, Datasheet NORIT® GAC 830W - Cabot Corporation, 2015)

Fig. 6. Características generales de NORIT® GAC 830W.

GENERAL CHARACTERISTICS		
Total surface area (B.E.T.)	1150	m^2/g
Apparent density	640	kg/m^3
Density backwashed and drained	445	kg/m^3
Ball-pan hardness	95	
Effective size D_{10}	0.9	mm
Uniformity coefficient	1.7	
Ash content	12	mass-%
pH	alkaline	

Fuente: (General Characteristics, Datasheet NORIT® GAC 830W - Cabot Corporation, 2015)

4.2. ADSORBATO: AZUL DE METILENO

Azul de metileno también conocido como azul básico 9 o por su formulación química 3-amino-7-dimetilamino-2-metilfenazationio, pertenece al grupo de colorantes catiónicos usado para colorear papel, algodón madera e incluso como colorante para el pelo. El azul de metileno fue escogido en este proyecto como adsorbato debido a su fácil y alta adsorción en sólidos y su gran utilidad en la caracterización de variedades adsorbentes.

Se evaluó el proveedor Productos Drogam para el suministro del azul de metileno y se escogió esta compañía por su reconocimiento en el mercado y calidad en productos. La Figura 7 muestra su fórmula estructural, la Figura 8 sus propiedades fisicoquímicas y la Figura 9 sus especificaciones.

Fig. 7. Estructura molecular del azul de metileno.

(Formula química C_1 H_1 C N_3S y peso molecular 319,86 g/m .)

Fuente: (Imagen fórmula estructural del azul de metileno – Merck Millipore, 2017)

Fig. 8. Información fisicoquímica del azul de metileno.

Fuente: (Información fisicoquímica del azul de metileno – Drogam, 2017)

Fig. 9. Especificaciones del azul de metileno.

Fuente: (Especificaciones fisicoquímica del azul de metileno – Drogam, 2017)

4.3. PROCESO DE ADSORCION

El proceso de adsorción tiene lugar en cuatro estados sumamente definidos. Transporte de la solución, difusión en zona intermedia, transporte de poros en la superficie y por último la adsorción [56].

Fig. 10. Definición gráfica de la adsorción en una partícula de carbón activo.

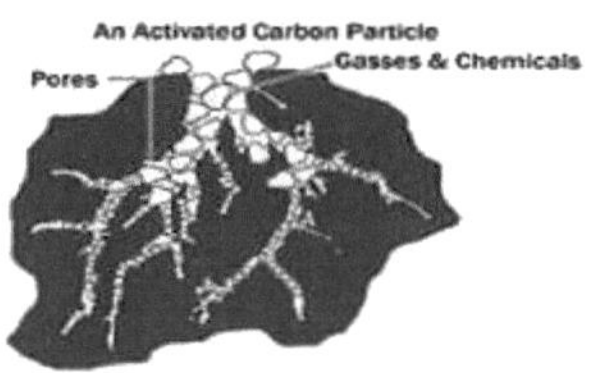

Fuente: (Study Shows Pharmaceuticals Removed by Carbon Filters – J. McMahon, 2012)

La adsorción puede acontecer en todas las capas de las superficies del carbón activo, desde las más superficiales hasta en las más internas, aunque se suele acumular más material en el interior de la partícula, dado que su superficie es mayor. Dado que el proceso de adsorción ocurre en una serie de pasos, cuando el ratio de adsorción equivale al de desorción se ha identificado el ratio limitante del carbón activo, se habrá llegado al equilibrio y a la capacidad máxima del adsorbente [65]. Se puede predecir la capacidad máxima de adsorción teórica para un contaminante concreto mediante las isotermas de adsorción.

4.4. DESARROLLO DE LAS ISOTERMAS DE ADSORCIÓN.

La cantidad de adsorbato que se podrá extraer mediante un adsorbente variará en función de diferentes parámetros, como la concentración del adsorbato que exista, la temperatura, la solubilidad, la estructura molecular, el peso molecular, la polaridad y saturación del hidrocarburo. Generalmente, la cantidad de material adsorbido se determina mediante función de la concentración a temperatura constante, y la función resultado es denominada isoterma de adsorción. Las isotermas de adsorción se desarrollan exponiendo una cierta cantidad de adsorbato en un volumen concreto de líquido mientras se varia la cantidad de carbón activo añadido a la muestra [56].

4.4.1. Isoterma de Langmuir

Ecuación utilizada para describir las isotermas experimentales desarrolladas por Langmuir. De todas las que existen, esta es la más utilizada para explicar las propiedades de adsorción del carbón activo usado en tratamiento de aguas residuales [66]. Se suponen hipótesis de temperatura constante, adsorción localizada, sólo en sitios definidos de la superficie. La superficie es homogénea y asumiendo que cada sitio de adsorción puede adherir sólo una molécula de adsorbato. La energía de adsorción es la misma para todos los sitios de adsorción. No existe interacción entre las moléculas adsorbidas [56]. Derivada de consideraciones racionales, la isoterma de adsorción de Langmuir se define:

$$\frac{x}{m} = \frac{a\ C_e}{1 + bC_e} = q_e \qquad \text{Ec. 11}$$

Donde:

x/m = Concentración de absorbente después del equilibrio, mg de adsorbato/g de absorbente.

a, b = Constantes empíricas.

C_e = Concentración final de la solución en el equilibrio de adsorbato después de adsorción, mg/L.

La isoterma de adsorción de Langmuir se desarrolló asumiendo que había un número fijo de sitios accesibles en la superficie del adsorbente, los cuales todos tienen la misma energía, y que la adsorción es reversible. Se llega al equilibrio cuando la ratio de adsorción de las moléculas en la superficie es el mismo al ratio de desorción de las moléculas en la superficie, que es la diferencia entre la cantidad adsorbida en una concentración particular y la cantidad que podría ser adsorbida en la concentración. En el equilibrio, esa diferencia es cero [56].

Las constantes de la isoterma de Langmuir pueden ser determinadas mediante $C_e/(x/m)$ versus C_e y haciendo uso de la fórmula lineal:

$$\frac{C_e}{(x/m)} = \frac{1}{a} + \frac{1}{a}C_e \qquad \text{Ec. 12}$$

4.4.2. Isoterma de Freundlich

Ecuación utilizada para describir las isotermas experimentales desarrolladas por Freundlich. Se suponen hipótesis de temperatura constante, superficie rugosa y distribución exponencial de la energía de los sitios de adsorción [66] La ecuación derivada empíricamente en 1912 de la isoterma de Freundlich es:

$$\frac{x}{m} = K_f C_e^{1/n} \qquad \text{Ec. 13}$$

Donde:

x/m = Concentración de adsorbente después del equilibrio, mg de adsorbato/g adsorbente.

K_f = Constantes empíricas. Factor de la capacidad de Freundlich, (mg/g) $(L/mg)^{1/n}$. Representa la cantidad de colorante o materia adsorbido por unidad de concentración en el equilibrio.

C_e = Concentración final de la solución en el equilibrio de adsorbato después de adsorción, mg/L.

$1/n$ = Factor de la intensidad de Freundlich. Representa la heterogeneidad de la superficie. Transformándose en más heterogéneo cuando este valor se aproxima al cero.

Las constantes en la ecuación de isoterma de Freundlich pueden determinarse mediante el logaritmo(x/m) versus el logaritmo de C y haciendo así la ecuación lineal escrita:

$$\ln\left(\frac{x}{m}\right) = \ln\left(K_f\right) + \ln\left(C_e\right) \qquad \text{Ec. 14}$$

4.4.3. Adsorción en Batch

En el caso de proceso de adsorción Batch, ni el adsorbato ni el adsorbente fluyen, el ratio de adsorción del adsorbato se controla mediante el balance de masa. El balance de masa se utiliza para reactores Batch y no es más que una reacción en el que se debe tener en cuenta cuanto carbón activo se ha añadido a la mezcla. El resultado de dicha expresión en el equilibrio en el proceso de transferencia de masa es:

Balance de materia,

Cantidad de reactante adsorbido en el sistema = *Cantidad inicial de reactante - Cantidad final de reactante.*

Fig. 11. Balance de masa de carbón en la adsorción.

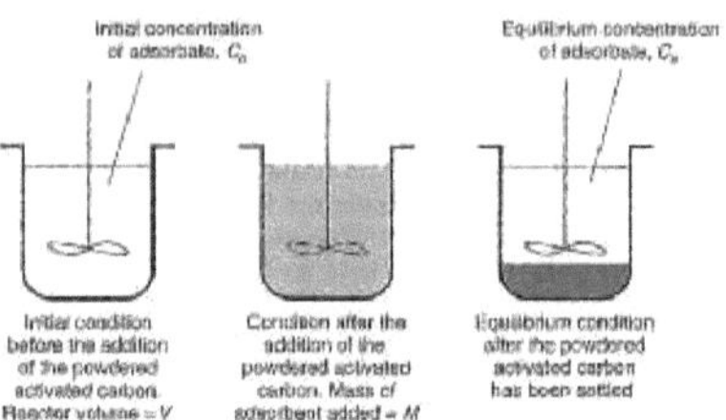

Fuente: (Activated Carbon Adsorption, Engineering & Technology, Physical Sciences – R. Ch. Bansal y M. Goyal, 2005)

es decir,

Cantidad adsorbida = *Cantidad inicial del adsorbato – Cantidad final del adsorbato presente.*

Representación simbólica en el equilibrio:

$$q_e M = V C_0 - V C_e \qquad \text{Ec. 15}$$

Donde:

q_e = Concentración de adsorbente después del equilibrio, mg de adsorbato / g adsorbente.

M = Masa de adsorbente, g.

V = Volumen de líquido en el reactor, L.

C_0= Concentración inicial de adsorbato, mg/L.

C_e= Concentración final de la solución en el equilibrio de adsorbato después de la adsorción, mg/L.

La capacidad de adsorción de un adsorbente se estima a través de los datos de las isotermas de adsorción [65]. La capacidad de adsorción del carbón puede ser estimada extendiendo una línea vertical desde el punto donde el eje horizontal corresponde a la concentración inicial C_O, y su extrapolando la isoterma para que intercepte con esa línea. El valor en el punto de la intersección [(x/m)] o q_e puede ser leído en el eje vertical y representa la cantidad de constituyente adsorbido por unidad de masa de carbón cuando el carbón activo está en el equilibrio con la concentración inicial del constituyente CO. El equilibrio generalmente aparece en la sección superior durante el tratamiento mediante columnas y representa la más alta capacidad del carbón para adsorber en un sistema de aguas concreto [56].

4.4.4. Adsorción en Continuo

En el momento en que el agua residual pasa por medio de una columna de carbón activo, los contaminantes se separarán paulatinamente y el agua residual se va clarificando de manera gradual en un proceso de depuración continuo, distinto a los reactores batch que son un proceso discontinuo por medio de balance de materia [65].

No existe una separación absoluta entre el agua tratada y la alimentación. Se crea una zona de transición en la que la zona de concentración de contaminante varía desde un valor máximo, al terminar la zona, hasta prácticamente cero en la parte inicial de la misma. Esta zona es la fracción activa de la columna, y se llama zona de adsorción o de transferencia de masa o también denominado MTZ. Una columna de adsorción carbón activado en la que se alimenta agua para tratar, con una concentración de soluto C_o, (mg/L). Se desea llevar la concentración de la solución hasta una cantidad igual o inferior a C_e (mg/L). En el comienzo de la operación, la concentración del efluente es menor que la concentración permisible C_e. Al pasar un tiempo se logra alcanzar la concentración C_e correspondiente al punto de ruptura [56].

Fig. 12. Curva de ruptura típica para el carbón activo, mostrando la zona de transferencia de masa.

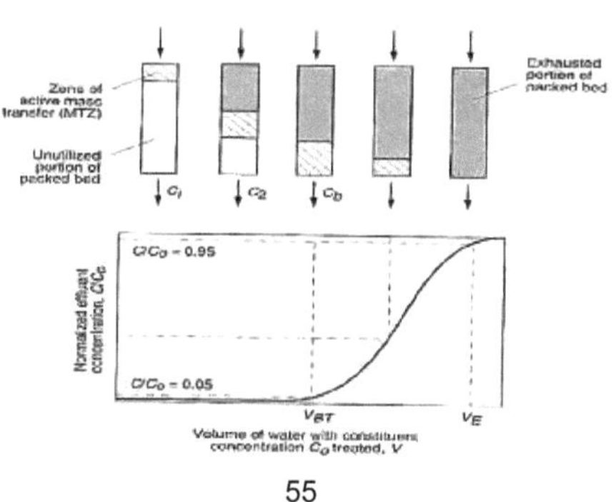

Fuente: (Activated Carbon Adsorption, Engineering & Technology, Physical Sciences – R. Ch. Bansal y M. Goyal, 2005)

Como se puede observar en la figura 12, el lecho de carbón activo va saturándose hasta que llegar a la máxima capacidad de adsorción.

Este movimiento que avanza en la zona de adsorción se puede apreciar mediante el esquema de las denominadas curvas de ruptura. Las ordenadas de una curva de ruptura representan a la concentración del efluente y las abscisas representan a que tanto dura el flujo por medio de la columna en tiempo. Por lo general, la operación de una columna de adsorción no se mantiene hasta su agotamiento. Esta concentración de llama de ruptura Ce. Si la concentración del efluente alcanza el valor de ruptura y ésta hace parte a un tiempo de flujo que está muy diferente del correspondiente a la concentración del soluto en el efluente, no resulta factible efluente de una columna sea la alimentación de la siguiente.

En un sistema muy bien construido, al momento en que la concentración del efluente de la última columna de la serie logra la de ruptura, el adsorbente de la primera columna pasara a la sección de regeneración y el afluente pasaría a la próxima columna de la serie. Al mismo tiempo, una columna fresca, ya regenerada, se pondrá en continuo de la columna para la que se hubiese logrado la concentración de ruptura. De esta forma, la concentración final del efluente de la serie de columnas jamás pasara la concentración de ruptura especificada C_e con siempre un valor continuo [56].

También pueden encontrarse las columnas en paralelo de esa manera todas van trabajando a la par, dividiéndose el caudal de entrada. Suele utilizarse estas prácticas en aplicaciones industriales, donde los volúmenes a tratar son más grandes.

Fig. 13. Configuración de contactores de carbón activo. (a) serie y (b) paralelo.

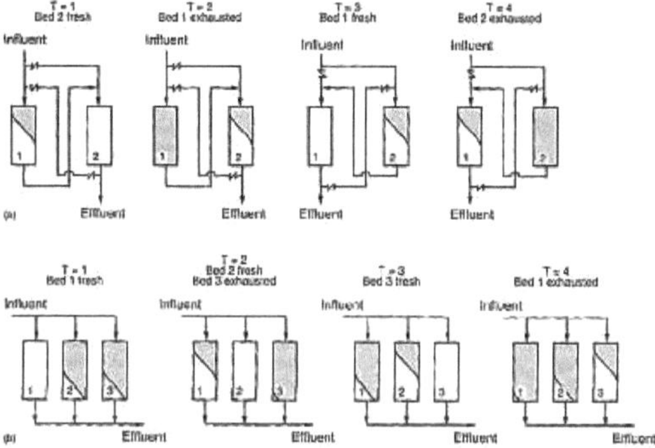

Fuente: (Activated Carbon Adsorption, Engineering & Technology, Physical Sciences – R. Ch. Bansal y M. Goyal, 2005)

4.4.5. Contactores de Adsorción

Hay muchos tipos de contactores de carbón activo utilizados para eliminar componentes, en este proyecto de acuerdo con las especificaciones del carbón activado granular, se seleccionó y utilizó Tamiz Malla 8X30 (U.S. Standar Sieve), es decir, de granulometría 8 x 30 y quiere decir que es un rango de partículas que pasan por la malla número 8 (2,38 mm) y retenidas en la malla número 30.Típicamente, se utilizan los contactores presurizados con flujo descendente mostrados en la figura siguiente.

Fig. 14. Configuración de contactores de carbón activo.

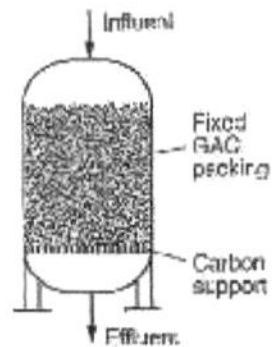

Fuente: (Activated Carbon Adsorption, Engineering & Technology, Physical Sciences – R. Ch. Bansal y M. Goyal, 2005)

El diseño y dimensionamiento de los contactores está basado en parámetros externos como el tiempo de contacto de lecho en vacío también llamado EBCT o el caudal de entrada de los efluentes. En los contactores se crea un estado estable de balance de masa alrededor del lecho de carbón activo del contactor que se puede transformar en:

Acumulación = *Entrada – Salida – Cantidad adsorbida*

$$0 = Q\,_0 t - Q\,_e t - m_c\, q_e \qquad \text{Ec. 16}$$

Donde:

Q = Tasa de flujo volumétrico, L/h.

C_0= Concentración inicial de adsorbato, mg/L.

t = Tiempo, h.

C_e= Concentración final de la solución en el equilibrio de adsorbato después de la adsorción, mg/L.

m_c = Masa de adsorbente, g.

q_e = Concentración de adsorbente después del equilibrio, mg de adsorbato / g adsorbente.

De la ecuación 16, el ratio de uso del carbón activo se define como:

$$\frac{m_c}{Q} = \frac{C_0 - C_e}{q_e} \qquad \text{Ec. 17}$$

Se asume que la masa de adsorbato en el espacio del poro es demasiado pequeña en comparación a la cantidad adsorbida, así pues, el termino QC_et en la ecuación 16 se puede despreciar y el ratio de adsorbente se puede simplificar:

$$\frac{m_c}{Q} \approx \frac{C_0}{q_e} \qquad \text{Ec. 18}$$

La cantidad de operación del carbón activo en la operación de contactores y por lo tanto su dimensionamiento, se basa en el desarrollo del tiempo de lecho en vacío (EBCT):

$$E = \frac{V_b}{Q} \quad \text{Ec. 19}$$

Donde:

E = Empty bed contact life, h

V_b= Volumen del contactor ocupado por el carbón activo, m^3.

Q = Caudal continuo, m^3/h.

Es importante también conocer el tiempo de residencia (bed life), o el tiempo que será efectivo ese carbón activo antes de reponerlo.

$$B \quad l_i = \frac{V_i \qquad d \; a \quad t_i \qquad p \quad E}{Q} \quad \text{Ec. 20}$$

Donde: Volumen de agua tratada para EBCT, L.

Q = Caudal de entrada, L/día.

Fig. 15. Ilustración de un contactor presurizado continuo.

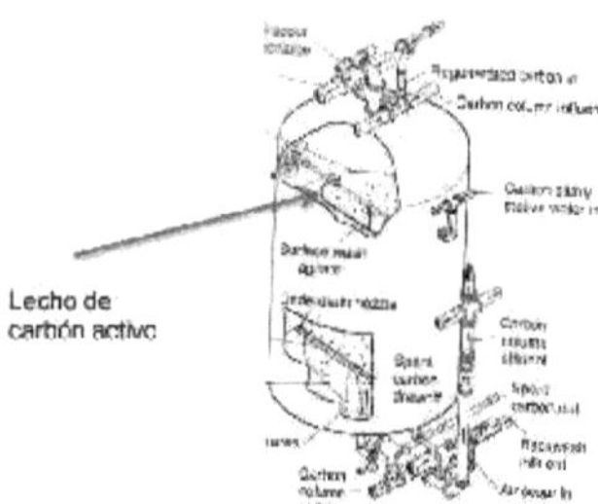

Fuente: (Activated Carbon Adsorption, Engineering & Technology, Physical Sciences – R. Ch. Bansal y M. Goyal, 2005)

Fig. 16. Ilustración de contactores en paralelo.

Fuente: (Activated Carbon Adsorption, Engineering & Technology, Physical Sciences – R. Ch. Bansal y M. Goyal, 2005)

4.5. DIMENSIONAMIENTO Y CÁLCULOS DEL SISTEMA DE COLUMNAS

4.5.1. Condiciones de operación

Se decidió plantear el proyecto de estudio, con un adsorbato azul de metileno y una concentración inicial concreta, considerando siempre constante, para ver la reacción del carbón activado granular NORIT® GAC 830W ante el fenómeno de adsorción.

Las condiciones de operaciones, cálculos, dimensionamientos, consideraciones, especificaciones y demás son las siguientes:

- **Densidad aparente del CAG**

$$\rho_C = 6 \quad k \ /m^3$$

De acuerdo con las especificaciones del de carbón activado granular NORIT® GAC 830W su densidad aparente es de 640 g/L. Posteriormente será utilizada para determinar la masa del carbón activo requerido, considerado en este proyecto de estudio para un tiempo de contacto del lecho en vacío (EBCT) de 18 horas.

- **Caudal**

$$Q = 1 \quad L/m$$

- **Concentración inicial de azul de metileno**

$$C_0 = 1 \quad m \quad /L$$

- **Concentración final de azul de metileno**

$$C_e = 1 \quad m \quad /L$$

- **Estimación de relación de carbón activado g adsorbente/L adsorbato**

$$\frac{m_c}{Q} = \frac{C_0 - C_e}{q_e} \qquad \text{Ec. 17}$$

- **Ecuación de isoterma de adsorción Tipo I de Langmuir**

Consideraciones

- Temperatura constante.
- Adsorción localizada, sólo en sitios definidos (activos) de la superficie.
- La superficie es homogénea y se forma una monocapa, asumiendo que cada sitio de adsorción puede adherir sólo una molécula de adsorbato.
- La energía de adsorción es la misma para todos los sitios de adsorción.
- No existe interacción entre las moléculas adsorbidas.

Tabla 5. Parámetros Langmuir estimados para absorción de azul de metileno en CAG.

Parámetros Langmuir estimados	
a	666,7
b	0,00825

R^2	0,9845

Todos los casos tienen una R^2 muy parecida a 1, así que se puede confirmar que los parámetros explican de manera acertada los datos experimentales [56].

4.5.2. Dimensionamiento de lecho de carbón activado

Se procederá a diseñar el sistema de columnas de adsorción basado en un diseño continuo a través de los contactores. Para ello, se calculó la relación de carbón activado para tratar el colorante azul de metileno. El carbón activado estimado se calcula con la ecuación 17, explicada con anterioridad.

El parámetro q_e se sustituye por la ecuación 11 de la isoterma de Langmiur pero sustituyendo el factor C_e por C_U por la formulación del proceso continuo en contactores se encuentra la relación de carbón activado $m_C\ /Q$.

La isoterma de Langmuir Tipo I,

$$q_e = \frac{a\ C_U}{1 + bC_U} \qquad \text{Ec. 18}$$

Reemplazando el termino q_e de la ecuación 18 en la ecuación 17, tenemos:

Ec. 19

$$\frac{m_C}{Q} = \frac{C_U - C_e}{\frac{a\ C_U}{1 + bC_U}} = \frac{(1 \quad - 1\ )}{\frac{(6 \quad ,7)(0,0 \qquad)1}{1 + (0,0 \qquad)(1 \quad)}} = 0,2 \qquad g\,C \qquad A \qquad /L$$

- **Masa de carbón activado**

Para determinar la masa del carbón activo requerido y considerando un EBCT de 18 horas:

$$\frac{m_C}{Q} = 0,2 \qquad g\,C \qquad A \qquad /L$$

$$t = 1 \ \ h \qquad = 1 \qquad m$$

Ec. 20

$$m_C = (0,2 \quad C \quad A \quad /L)Q = 0,2 \quad (1 \quad L/m \quad)(1(\quad)$$

$$m_C = 4 \quad ,6 \ g \, C \quad A$$

$$m_C = 4,8 \ k \ C \quad A$$

- **Volumen del lecho de carbón activado**

$$V_C = \frac{m_C}{\rho_C} = \frac{4 \quad ,6 \ g \, C \quad A}{6 \quad g/L} = 7,5 \ L \qquad \text{Ec. 21}$$

Determinación de altura de lecho de carbón activado

Fig. 17. Tuberías Presión PAVCO.

Tuberias Presión PAVCO

NTC 382

RDE 32.5 PVC

Presión de Trabajo a 23°C: 125 PSI

Diámetro Nominal		Referencia	Peso	Diámetro Exterior Promedio		Espesor de Pared Mínimo		Diámetro Interior Promedio
mm	pulg.		g/m	mm	pulg.	mm	pulg.	mm
88	3	2900256	1157	88.9	3.50	2.74	0.11	83.42
114	4	2900258	1904	114.3	4.50	3.51	0.14	107.28

Fuente: (Manual Técnico de Tubo sistemas Presión PVC – PAVCO S.A, 2014)

- **Área transversal de lecho**

Para un diámetro 3" nominal seleccionado para columna de carbón activado

$$A_I = \frac{\pi D_I^2}{4} = \frac{\pi(0,0 \quad m)^2}{4} = 0,0 \quad m^2 \qquad \text{Ec. 22}$$

- **Altura de lecho H_C**

$$H_C = \frac{V_C}{A_I} = \frac{(7,5 \ L)(1 * 1 \ ^{-3} m^3/L)}{0,0 \quad m^2} = 1,3 \ m \qquad \text{Ec. 23}$$

- **Altura de la columna total**

$$H_T \quad = 1,2 * H_C \quad = 1,2(1,3 \quad m) = 1,6 \quad m \qquad \text{Ec. 24}$$

Se adiciona un 20% de espacio libre para compensar la adsorción, que eleva el lecho, así como también un nivel flujo libre. Dado que será un sistema de dos columnas de adsorción en serie se divide en dos la estimación de la altura de la columna.

- **Altura total de cada columna y lecho**

$$H_T \quad = H_T \quad = \frac{1,6 \quad m}{2} = 0,8 \qquad = 8 \quad ,8\, c \qquad \text{Ec. 25}$$

$$H_C \quad = H_C \quad = \frac{1,3 \quad m}{2} = 0,6 \quad m = 6 \quad ,1\, c \qquad \text{Ec. 26}$$

Tabla 6. Resultados de Diseño de columnas y lecho de adsorción de azul de metileno en CAG.

Dimensiones	Longitud
Diámetro interno columna	$0,0 \quad m$
Altura Lecho Carbón Activado	$0,6 \quad m$
Altura de Columna	$0,8 \quad m$

4.5.3. Caídas de presión

Para la estimación de las caídas de presión teóricas para la selección de la bomba del sistema de adsorción de azul de metileno a través de lechos de carbón activado granular en contacto continuo, se establecen las siguientes condiciones como lo son: el fluido a bombear, sus propiedades, las dimensiones, arreglos de la tubería, longitud de tubos, diámetros y accesorios usados en el sistema de tubería, así como también las dimensiones y contenidos de los lechos, y propiedades o especificaciones del carbón activado que permiten determinar las caídas de presión a través de él. A continuación, se mostrarán tablas pertinentes para los cálculos de caídas de presión y demás:

Tabla 7. Propiedades del Fluido.

FLUIDO Y PROPIEDADES		
Fluido	AGUA	
Temperatura	30	°C
Densidad	996	kg/m^3
Viscosidad	0,0008	Pa. s

Fuente: (Propiedades físicas del agua, Procesos de transporte y principios de procesos de separación, Apéndice 2, 4ta ed, University of Minnes ota – Ch. J. Geankoplis, 2006)

Tabla 8. Características tanque de almacenamiento.

TANQUE DE ALMACENAMIENTO		
Material	**Polietileno**	
Capacidad	80	L

Tabla 9. Características tanque de almacenamiento.

DIMENSIONES DE TANQUE		
Altura		
Diámetro inferior	45	cm
Diámetro superior	56	cm

Tabla 10. Parámetros de operación.

PARÁMETROS DE OPERACION		
Caudal	15	L/min
	2,5, E-04	m^3/s
Volumen	60	L
Nivel de Agua en Tanque	0,4	m

Tabla 11. Características de tubería.

TUBERÍAS								
Material	PVC	**Rugosidad**	1,5, E-06	m	**Presión**	500		Psi
Diámetro Nominal			**Diámetro Interno**		**Longitud**			**Rugosidad Relativa**
Tubería 1	1/2	pulgadas	0,0166	m	10	m		9,0, E-05
Tubería 2	1	pulgadas	0,02848	m	0,5	m		5,3, E-05
Tubería 3	3	pulgadas	0,08342	m	1,51	m		1,8, E-05

4.5.4. Cálculo de pérdidas por fricción

Se usan las siguientes ecuaciones para el cálculo de las pérdidas de presión para cada tubería tanto por fricción como por accesorios:

- **Numero de Reynolds**

$$R = \frac{4}{\pi D_i \mu} \qquad \text{Ec. 27}$$

Tabla 12. Condiciones de flujo en tuberías.

CONDICIONES DE FLUJO EN TUBERÍA						
N° Tubería	Diámetro Nominal	Caudal (m^3/s)	Diámetro interno (m)	Área de Flujo (m^2)	Velocidad de Flujo (m/s)	Reynolds
1	1/2	3, E-04	0,0166	2,16, E-04	1,16	24303,29
2	1	3, E-04	0,02848	6,37, E-04	0,39	14165,54
3	3	3, E-04	0,08342	5,47, E-03	0,05	4836,19

- **La rugosidad relativa para las tuberías**

$$R \qquad R = \frac{\varepsilon}{D} \qquad \text{Ec. 28}$$

Tabla 13. Rugosidad Relativa Tuberías.

CONDICIONES DE FLUJO EN TUBERÍA		
N° Tubería	Diámetro Nominal	Rugosidad Relativa
1	½	9,0, E-05
2	1	5,3, E-05
3	3	1,8, E-05

- **Estimación de factores de fricción de Darcy:**

Factor de fricción por método de Swamee (Régimen turbulento):

$$f = \frac{0,2}{\left(L \quad \left(\frac{\frac{\varepsilon}{D}}{3,7} + \frac{5,7}{R^{0,9}}\right)\right)^{2}} \qquad \text{Ec. 29}$$

Tabla 14. Factor de fricción.

CONDICIONES DE FLUJO EN TUBERÍA		
N° Tubería	**Diámetro Nominal**	**Factor Darcy**
1	1/2	0,0248
2	1	0,0283
3	3	0,0383

Se calcularon las pérdidas de por fricción con la siguiente ecuación en las tuberías,

$$H_F = \frac{8\sum f\ Q^2}{9,8\pi^2 D_i^5} \quad \text{Ec. 30}$$

Se calcularon las caídas de presión en (Psi) por fricción con la siguiente:

$$\Delta P_F = H_F \cdot \rho \cdot g * \frac{1\ ,7}{1} \quad \text{Ec. 31}$$

Tabla 15. Perdidas por fricción en Tuberías.

CONDICIONES DE FLUJO EN TUBERÍA			
N° Tubería	**Diámetro Nominal**	**Perdidas por fricción H_F (m)**	**Caídas de presión por fricción ΔP_F (Psi)**
1	1/2	1,019	1,449
2	1	3,9, E-03	5,6, E-03
3	3	7,3, E-05	1, E-04

Tabla 16. Perdidas por fricción totales en Tuberías.

Pérdidas Totales por fricción H_F (m)	Caídas de Presión por fricción Total ΔP_F (Psi)
1,023	1,454

4.5.5. Cálculos de caída de presión por accesorios

Se enlista una tabla con los respectivos accesorios y sus dimensiones, para la estimación de las pérdidas de carga por los mismos. Se tiene en cuenta los coeficientes de perdida K, correspondiente a cada accesorio, y basado en el régimen de turbulencia se calculan las pérdidas. Las pérdidas por accesorios, expansión y reducción se estiman mediante la siguiente ecuación:

$$H_A = \frac{8 \sum K_A Q^2}{9,8 \cdot \pi^2 \cdot D_i^4} \qquad \text{Ec. 32}$$

Tabla 17. Perdidas por accesorios Tubería 1.

PERDIDAS POR ACCESORIOS				
N° Tubería	**Diámetro Nom (Pulg)**	**Diámetro interno (m)**	**Caudal (m^3/s)**	**Factor de fricción Darcy**
1	1/2	0,0166	2,5, E-04	0,0248
Accesorios	**Cantidad**	**Constante de perdida K**	**H_A (m)**	**ΔP_A (Psi)**
Válvula de Bola	1	0,500	0,107	0,152
Codo 90°	15	0,497	1,594	2,266
Unión universal	7	0,050	0,074	0,106

Válvula Compuerta	2	0,199	0,085	0,121
Expansión Abrupta 1/2"x3"	2	0,922	0,395	0,561
Reducción Abrupta 3"x1/2"	2	0,922	0,395	0,561

Tabla 18. Pérdidas totales por accesorios Tubería 1.

Pérdidas por accesorios H_A (m)	**Caídas de presión total por accesorios ΔP_A (Psi)**
2,650	3,767

Tabla 19. Perdidas por accesorios Tubería 2.

N° Tubería	**Diámetro Nom (Pulg)**	**Diámetro interno (m)**	**Caudal (m^3/s)**	**Factor de fricción Darcy**
2	1	0,0285	2,5, E-04	0,0283
Accesorios	**Cantidad**	**Constante de perdida K**	**H_A (m)**	**ΔP_A (Psi)**
Válvula de Bola	1	0,500	0,107	0,152
Codo 90°	0	0,497	0,000	0,000
Unión universal	1	0,057	0,012	0,017

Válvula Compuerta	0	0,199	0,000	0,000
Reducción tanque a tubería	1	1	0,025	0,035

Tabla 20. Pérdidas totales por accesorios Tubería 2.

Pérdidas por accesorios H_A (m)	Caídas de presión total por accesorios ΔP_A (Psi)
0,144	0,204

4.5.6. Cálculos de caídas de presión por lechos de las columnas

Para la columna 1 y 2 (carbón activado), se tienen las siguientes dimensiones y parámetros para sus cálculos posteriores:

Tabla 21. Características de Carbón Activado.

COLUMNA 1 y 2	CARBON ACTIVADO	
	Dimensiones	
Diámetro interno	0,083	m
Altura Lecho	0,691	m
Área de Flujo	0,00547	m^2

Tabla 22. Propiedades del Carbón Activado.

PARÁMETROS LECHO 1 Y 2 CARBÓN ACTIVADO		
Porosidad del Lecho ε	1,200	-
Velocidad del Fluido U_U	0,0457	m^3/s
Diámetro Partícula D_P	0,0005	m
Densidad Partícula ρ_P	1010	kg/m^3
Densidad Aparente ρ_A	640	kg/m^3
Esfericidad ϕ	0,45	-

Con la información provista por la Tabla 21 y 22 se calcula la caída de presión mediante la siguiente ecuación llamada expresión de Ergun para determinar la caída de presión en (Pa) en lechos:

$$\Delta P = \left[\frac{1}{} \frac{(1-\varepsilon)^2}{\varepsilon^3} \frac{\mu U_U}{(\phi D_P)^2} + 1,7 \; \frac{(1-\varepsilon)}{\varepsilon^3} \frac{\rho_g U_U^2}{\phi D_P}\right] L \qquad \text{Ec. 33}$$

Tabla 23. Caídas de presión en los lechos de Carbón Activado.

CAÍDAS DE PRESIÓN EN LECHO CARBÓN ACTIVADO H_L		
Lecho	**Caída de Presión lecho (Pa)**	**Caída de Presión lecho (Psi)**
1	93530,43	13,569
2	93530,43	13,569

Tabla 24. Caídas de presión totales en los lechos de Carbón Activado.

Pérdida total lechos H_L (m)	23,131

Caída de Presión Total lechos ΔP_L (Psi)	27,138

4.5.7. Caída de presión total del sistema

Para la estimación de las pérdidas totales y caídas de presión totales se usa las siguientes ecuaciones:

- **Perdida de carga total en (m)**

$$H_F = H_F + H_A + H_L \quad \text{Ec. 34}$$

- **Caída de presión total en (Psi)**

$$\Delta P_F = \Delta P_F + \Delta P_A + \Delta P_L \quad \text{Ec. 35}$$

Tabla 25. Pérdidas y caídas de presión totales del sistema.

Perdidas H_F (m)	23,131
Caídas de presión ΔP_A (Psi)	32,755

4.5.8. Potencia de Bombeo

La siguiente ecuación se usa para estimar la potencia de bombeo mínimo del sistema en caballos de fuerza (HP):

$$P = \frac{H_F \cdot \rho \cdot g \cdot Q}{\eta} \cdot \left(\frac{1,3}{1}\right) \quad \text{Ec. 36}$$

Donde:

H_F = Pérdidas totales el sistema, m.

ρ = Densidad del fluido, kg/m^3.

g = Gravedad, 9,8 m/s^2.

Q = Caudal de bombeo, m^3/s.

$$P = 0,1 \quad H$$

Para esta estimación se selecciona una bomba de $1/2\,H$, la cual cumple con los requirentes mínimos para realizar el bombeo a través del sistema de lechos de carbón activado.

4.5.9. Caídas de presión manométrica

La caída de presión ΔP_G manométrica se toma durante la experiencia mediante las siguientes ecuaciones:

Teóricamente:

$$\Delta P_G = P_G - P_G$$

$$\Delta P_G = P_G$$

$$\Delta P_G = \Delta P_G + \Delta P_G \qquad \text{Ec. 37}$$

Donde:

P_G = Presión manométrica manómetro 1.

P_G = Presión manométrica manómetro 2.

Experimentalmente:

Tabla 26. Presión manométrica medida en el equipo.

PRESIÓN MANOMÉTRICA MEDIDA EXPERIMENTALMENTE (PSI)	
P	34
P	17
ΔP	17
ΔP	12

4.5.10. Caída de presión manométrica total

La caída de presión manométrica total medida experimentalmente debe ser muy similar a la caída de presión estimada teóricamente,

$$\Delta P_A \cong \Delta P_G$$

$$\% E = \left| \frac{\Delta P_G - \Delta P_A}{\Delta P_A} \right| * 1 \quad \% \qquad \text{Ec. 38}$$

Tabla 27. Error teórico caídas de presión.

Caídas de presión experimental ΔP_G (Psi)	**Caídas de presión teórico ΔP_A (Psi)**	**% Error**
34	32,755	3,8

4.6. PRUEBAS

- **Determinación de la concentración de azul de metileno por espectrofotometría.**

Se preparó una solución stock de azul de metileno con una concentración de 1000 ppm seguidamente haciendo uso de la dilución, se obtuvieron unas diluciones 2, 3, 4, y 5 ppm y teniendo en cuenta que la mayor absorbancia del azul de metileno en forma manométrica se alcanza a una longitud de onda de 660 nm de acuerdo con Bermann y O´Konski (1963). Por medio del espectrofotómetro se determinaron sus absorbancias y se realiza la gráfica Absorbancia VS Concentración (ppm) y se linealiza para obtener la ecuación de la recta. A esa recta se denomina curva de calibración. Cabe resaltar que el coeficiente de regresión debe ser mayor a 0,995, para garantizar el principio de linealidad, de acuerdo con lo establecido por la ley de Lambert-Beer.

Para determinar la concentración de azul de metileno remanente en las soluciones que entran en contacto en la fase (solido- líquido) con carbón activado, simplemente, se midió, en el espectrofotómetro, la absorbancia de estas y se convirtió a unidades de concentración usando la curva de calibración previamente mencionada.

- **Obtención de la curva de calibración.**

En la Tabla 28 se muestran los resultados correspondientes a los valores de absorbancia leídos en el espectrofotómetro para cada una de las diluciones preparadas.

Tabla 28. Datos de curva de calibración.

Números de Muestras	Concentración (g/L)	Absorbancia
1	0,00	0,00
2	2	0,20
3	3	0,32
4	4	0,40
5	5	0,53

En la Figura 18 se muestra la curva de calibración, la cual se obtiene a partir de la gráfica Absorbancia (Abs) vs. Concentración (ppm), construida a partir de los datos presentados en la Tabla 28.

Fig. 18. Gráfico de obtención de la curva de calibración.

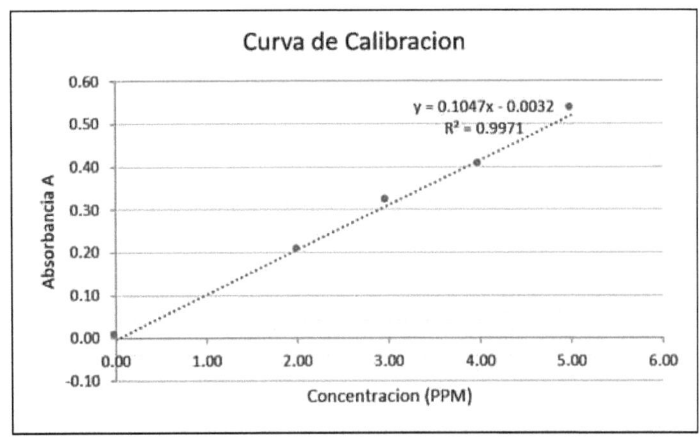

- **Determinación de las isotermas de adsorción**

Para determinar las isotermas se realizó el siguiente procedimiento: Se preparan 10 recipientes de vidrio con 100 ml de capacidad, cada uno y contenían 0,05 g de carbón activado. Se depositaron en cada recipiente 50 ml de solución acuosa de azul de metileno de concentración conocida, en la Tabla 29 se puede evidenciar.

Tabla 29. Datos de determinación de isotermas de adsorción.

No del recipiente	**1**	**2**	**3**	**4**	**5**	**6**	**7**	**8**	**9**	**10**
Masa del carbón (g)	0,05	0,05	0,05	0,05	0,05	0,05	0,05	0,05	0,05	0,05
Vol. de Solución (L)	0,05	0,05	0,05	0,05	0,05	0,05	0,05	0,05	0,05	0,05
Concentración (ppm)	50	100	150	200	250	300	400	600	800	1000

La cantidad de colorante de azul de metileno adsorbida por gramo de carbón activado (q), se calcula a través de la ecuación 1.

$$q = \frac{V\,(C_o - C_f)}{W}$$

Donde V es el volumen de solución que entra en contacto con la masa W de carbón activado, Co es la concentración inicial de la solución y Cf su concentración final o de equilibrio. Puesto que los valores correspondientes V, W y Co son conocidos y contemplados en la Tabla 29.

- **Determinación de las curvas de ruptura dejando fijo el caudal de alimentación en las columnas.**

Se mantuvo constante la concentración inicial de la solución, la altura del lecho y el diámetro de las partículas de carbón. El caudal de alimentación a la columna corresponde a 15 L/min. Los resultados se reportan en las Tablas 30 y 31.

Tabla 30. Resultados obtenidos en la determinación de la capacidad de adsorción del carbón para la prueba 1.

		Prueba 1			
No del recipiente	**Co (ppm)**	**Cf (ppm)**	**q (mg /g)**	**ln Cf**	**ln q**
1	49,99	9,88	40,1	2,290	3,691
2	100,01	22,42	77,6	3,120	4,352
3	150,07	46,89	103,2	3,849	4,637
4	201,99	78,47	123,5	4,363	4,816
5	250,02	112,11	137,9	4,719	4,927
6	302,12	148,62	153,5	5,001	5,034
7	398,13	224,5	173,6	5,414	5,158
8	601,64	397,06	204,6	5,984	5,321
9	800,81	582,81	218	6,368	5,385
10	1001,66	775,57	226,1	6,654	5,421

Tabla 31. Resultados obtenidos en la determinación de la capacidad de adsorción del carbón para la prueba 2.

			Prueba 2		
No del recipiente	**C_o (ppm)**	**C_f (ppm)**	**q (mg/g)**	**ln C_f**	**ln q**
1	49,99	9,29	40,7	2,229	3,706
2	100,01	21,84	78,2	3,084	4,359
3	150,07	46,0	104,1	3,829	4,645
4	201,99	79,59	122,4	4,377	4,807
5	250,02	114,68	135,3	4,742	4,907
6	302,12	151,32	150,8	5,019	5,016
7	398,13	225,61	172,5	5,419	5,150
8	601,64	403,85	197,8	6,001	5,287
9	800,81	587,13	213,7	6,375	5,365
10	1001,66	782,12	219,5	6,662	5,391

Al graficar los valores de C_f en el eje de las abscisas y los valores de q en el eje de las ordenadas, se obtiene la isoterma de adsorción del sistema en cuestión para la prueba 1 y 2 como la pueden observar en la Figura 19 y 20 respectivamente.

Fig. 19. Isoterma de adsorción para la prueba 1.

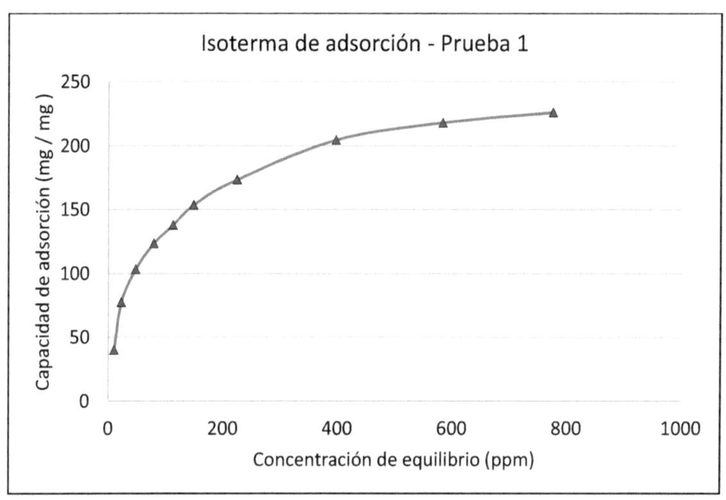

Fig. 20. Isoterma de adsorción para la prueba 2.

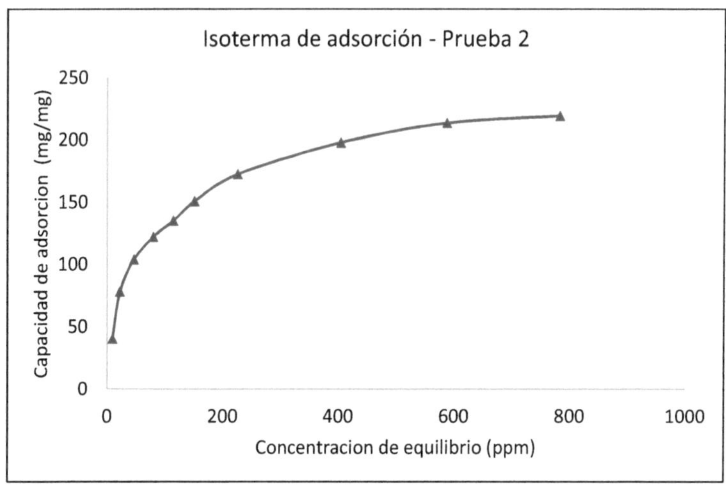

La isoterma de adsorción en este estudio tiene lugar entre una fase sólida (carbón activado granular) y una fase líquida (solución de azul de metileno), cuando esta última entra en contacto con carbón activado las trazas de azul de metileno son atraídas hacia el sólido hasta que alcance un equilibrio entre ambas fases, a este fenómeno se le denomina equilibrio de adsorción.

Por otra parte, se tiene varios modelos de equilibrio se han desarrollado para ajustar los datos experimentales a las isotermas de adsorción. Los modelos más ampliamente utilizados son el modelo de Freundlich y Langmuir. En el presente trabajo se han utilizado ambos modelos.

Ahora bien, teniendo en cuenta la ecuación 13 mencionada en el apartado 4.4.2. Se linealiza aplicando logaritmo para representar Ln (q_e) contra Ln (C_e), de los valores de la pendiente y la ordenada al origen se obtienen los parámetros de la isoterma de Freundlich k y n.

Fig. 21. Ecuación linealizada del modelo de Freundlich.

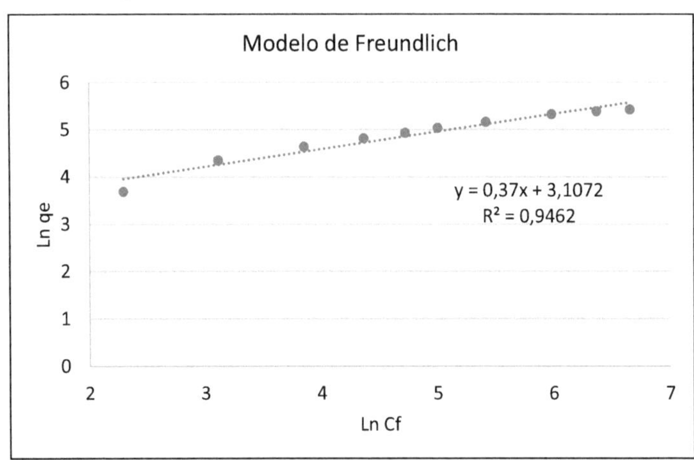

Fig. 22. Ecuación linealizada del modelo de Langmuir.

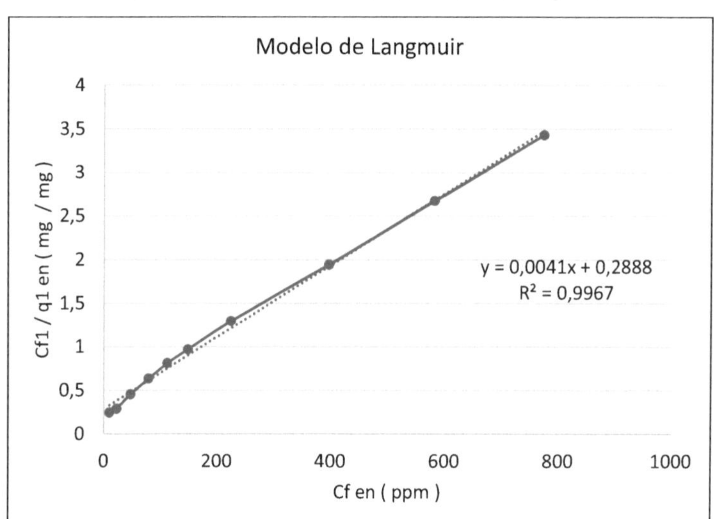

Tabla 32. Datos de condiciones experimentales iniciales en la determinación de las isotermas de adsorción.

T °C	W (g)	V (L)	DP (mm)	PH
30	0,05	0,05	0,9	8

Tabla 33. Datos obtenidos para la determinación de las isotermas de adsorción.

No del recipiente	Co (ppm)	Cf (ppm)	q (mg/g)
1	49,9	0,38	49,6
2	100,0	6,05	94,0
3	150,0	25,67	124,4
4	201,0	51,65	150,3
5	250,0	79,79	170,2
6	302,0	109,25	192,9

7	398,0	177,77	220,4
8	601,0	346,58	225,1
9	800,0	536,79	264,0
10	1001,0	733,69	268,0

Fig. 23. Gráfico de Capacidad de adsorción vs Tiempo.

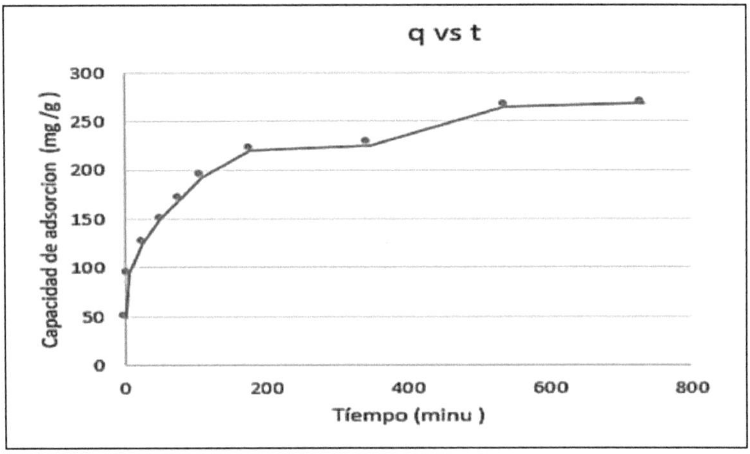

- **Determinación de la curva de ruptura**

Para la determinación de la curva de ruptura variando la concentración del influente, se mantuvo constante parámetros como la altura del lecho, el caudal de alimentación y el diámetro de las partículas de carbón y caudal, respectivamente. La concentración inicial de la solución de azul de metileno que se alimenta a las columnas; a saber: 100 ppm.

Los resultados se reportan en la Tabla 35.

Tabla 34. Datos de condiciones experimentales iniciales en la determinación de la curva de ruptura.

T (°C)	W (g)	L (Cm)	Co (ppm)	PH	DP	Q (L/min)
30	4000	140	100	8	0,9	15

La Tabla 34 contempla la dinámica de adsorción de azul de metileno en lecho fijo de carbón activado cuando la concentración inicial es 100 ppm para la determinación de la curva de ruptura.

Tabla 35. Datos obtenidos para la determinación de la curva de ruptura.

	Prueba 1			**Prueba 2**		
Muestra	**t (min)**	**C, (ppm)**	**C_f/C_0**	**t (min)**	**C, (ppm)**	**C_f/C_0**
1	8	50	0,278	8	48,9	0,272
2	16	56,45	0,314	16	50,69	0,282
3	24	60,45	0,336	24	51,34	0,285
4	32	67,9	0,377	32	53,69	0,298
5	40	78,9	0,438	40	57,78	0,321
6	48	80,66	0,448	48	64,57	0,359
7	56	90,79	0,504	56	78,67	0,437
8	64	116,76	0,649	64	110,89	0,616
9	72	145,45	0,808	72	130,56	0,725
10	80	150,43	0,836	80	149,45	0,831
11	88	167,56	0,931	88	165,67	0,921
12	96	172,79	0,960	96	170,79	0,949
13	104	175,45	0,975	104	173,56	0,964
14	112	177,78	0,988	112	175,45	0,978
15	120	179,91	0,999	120	176,88	0,983

Resultados obtenidos cuando la concentración inicial es 100 ppm, manteniendo constantes la altura de lecho, el caudal de alimentación de la solución y el diámetro de las partículas.

Fig. 24. Gráfico de obtención de curva de ruptura para prueba 1.

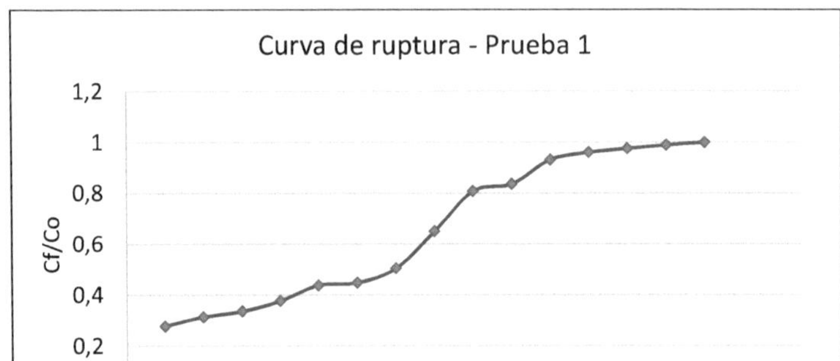

Fig. 25. Gráfico de obtención de curva de ruptura para prueba 2.

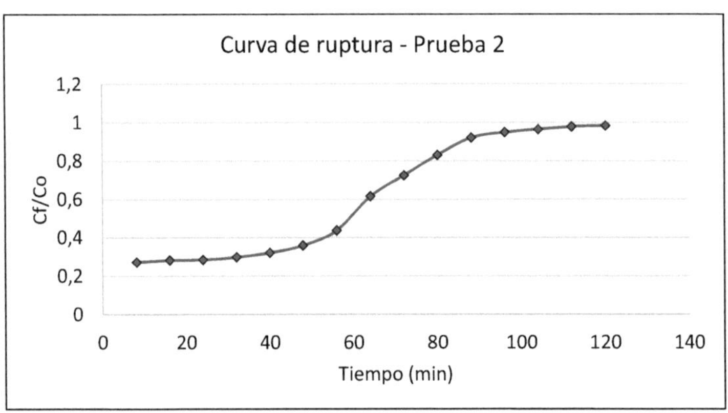

Se presentan dos graficas de curvas de ruptura por cada prueba, reflejando resultados favorables en el proceso de adsorción y el buen funcionamiento del equipo y capacidad de adsorción, así, a los 122 minutos de operación (iguales a 2,03 horas), la prueba 1 alcanza un 0,99 del valor de la concentración inicial y en la prueba 2 se alcanza el 0,98 del valor de la concentración inicial.

DISCUSIÓN

A continuación, se analizan y discuten los resultados obtenidos del proyecto diseño, construcción y puesta en marcha de un equipo de adsorción con dos columnas a escala de laboratorio:

En primera instancia, se ha estudiado el fenómeno de adsorción entre un fluido y un sólido desde el equilibrio entre ellos hasta la respectiva cinética característica. Por consiguiente, se ha logrado estudiar los planteamientos y modelos matemáticos de las ecuaciones cinéticas involucradas en el proceso.

- La metodología investigativa y experimental desarrollada en este trabajo ayudo a conseguir determinar la capacidad de adsorción de un carbón activado comercial marca NORIT® GAC 830W, previamente seleccionado por sus especificaciones técnicas y propiedades de acuerdo a la investigación y obteniendo resultados favorables de adsorción en el buen funcionamiento del equipo y se ha logrado diseñar, construir y poner en marcha el equipo por un diseño inverso realizado para efectos de conveniente de adsorción de azul de metileno en escala de laboratorio.
- Con la determinación de capacidad de adsorción del carbón activado granular para la remoción de azul de metileno en soluciones acuosas bajo condiciones de flujo continuo, y variables fijas como altura del lecho, flujos volumétricos y concentración inicial; con el propósito de examinar el efecto de estas variables de operación sobre la capacidad de adsorción, se probaron los modelos matemáticos de Langmuir y Freundlich para la predicción del tiempo de servicio de la columna.
- Se ajustaron los modelos de Langmuir y Freundlich a las isotermas de adsorción obtenidas experimentalmente presentando la forma de isoterma tipo L de una curva cóncava respecto al eje de las abscisas, lo que sugiere que la concentración del soluto en la fase sólida disminuye con el aumento de la concentración en la fase fluida [bajo condiciones de equilibrio], esto apunta a una saturación progresiva del adsorbente. En el caso de este estudio el tipo de isoterma presentado es de curva que no alcanza un domo definido, con lo que se puede interpretar que el sólido muestra relativamente claridad de una capacidad de adsorción definida. El otro caso se da, típicamente, cuando la superficie del adsorbente es heterogénea, siendo la teoría de Freundlich la más apropiada para describir el equilibrio, cabe resaltar que a veces no es fácil distinguir entre una forma y otra.

- El modelo que mejor describe los datos de equilibrio es el de Langmuir ya que la isoterma es favorable y de acuerdo con los valores de RL= 0.946 y RL= 0.997, indica que RL se encuentra entre el rango [0< RL <1] determinando efectivamente una isoterma favorable, indicando que la transferencia de masa desde el seno de la fase liquida hacia el sólido es factible. Dejando totalmente reflejado que el adsorbente tiene gran afinidad por el adsorbato.
- Las curva de ruptura obtenida muestra que, a los 122 minutos de operación (equivalentes a 2,03 horas), la prueba 1 alcanza un 0,99 del valor de la concentración inicial y en la prueba 2 se alcanza el 0,98 del valor de la concentración inicial. Con estos datos se puede inferir que, si varían parámetros de operación, puede que las curvas de ruptura obtenidas a diferentes condiciones de operación demuestren que tanto el tiempo de ruptura como la capacidad de adsorción del carbón activado aumentan con un incremento en la altura del lecho, disminuyendo cuando el flujo volumétrico aumenta y, por último, al aumentar la concentración inicial de azul de metileno el tiempo de ruptura disminuye y la capacidad de adsorción aumenta.
- Por último, se propuso a manera de discusión unas recomendaciones como: tratar de cumplir con la metodología propuesta en el proyecto para llevar a cabo ensayos o prácticas. Para ello se cuenta en este proyecto como con Manual de operación y mantenimiento del equipo que refleja los pasos a seguir para la realización de buenas prácticas. Para todos los experimentos de adsorción, determinar inmediatamente la concentración de adsorbato remanente en la fase fluida, una vez terminado el muestreo. Al momento de ajustar cualquier modelo empírico a un conjunto de datos experimentales obtenido a partir de un ensayo de adsorción dado, se deben tener en cuenta utilizar regresión no lineal para calcular los parámetros de tales modelos, puesto que este método arroja mejores resultados que el de regresión lineal.

CONCLUSIONES

En este proyecto se ha realizado satisfactoriamente el diseño, la construcción y la puesta en marcha de un equipo de adsorción con dos columnas a escala de laboratorio de lechos fijos de carbón activado granular tipo NORIT® GAC 830W apropiado para la remoción de elementos orgánicos naturales, contaminantes con color (para el proyecto el azul de metileno) y compuestos que causan problemas de sabor y olor.

Con respecto al funcionamiento del equipo, se puede concluir que los datos teóricos estipulados para el diseño y construcción, con relación a los resultados experimentales obtenidos tienen gran acercamiento en cálculos, dimensionamiento y demás, a partir de un diseño inverso realizado para efectos del proyecto, por ejemplo, las caídas de presión teóricas y experimentales contemplan un porcentaje de error del 3,8%. Los parámetros estipulados se ven muy bien ajustados al funcionamiento del equipo, entre ellos potencia de la bomba, cargas manejadas para medición de flujos por rotámetro y demás sistemas del equipo.

A partir del caso de estudio, se ha diseñado apropiadamente el proceso de adsorción conveniente, una vez presentado el caso de estudio con el adsorbato azul de metileno y el absorbente carbón activado granular, se observa una gran capacidad de adsorción para eliminación de colorantes , concluyendo que para procesos continuos a escalas de laboratorios e industriales puede presentar grandes beneficios, no solo por la efectividad carbón activado en el proceso, sino también porque los recursos utilizados son viables y económicos. Así:

- El método experimental desarrollado en este trabajo consistió en determinar la capacidad de adsorción de un carbón activado comercial en la remoción de azul de metileno en disolución acuosa bajo condiciones de flujo continuo.
- Los modelos de adsorción de Langmuir y Freundlich usados en la descripción matemática de la remoción del colorante en disolución acuosa sobre el adsorbente muestran que los datos de equilibrio obtenidos del estudio se ajustan muy bien al modelo de Freundlich y Langmuir.
- Las curva de ruptura obtenida muestra que, a los 122 minutos de operación (equivalentes a 2,03 horas), la prueba 1 alcanza un 0,99 del valor de la concentración inicial y en la prueba 2 se alcanza el 0,98 del valor de la concentración inicial.

REFERENCIAS BIBLIOGRÁFICAS

[1] B. Merzouk, K. Madani y A. Sekki, "Treatment characteristics of textile wastewater and removal of heavy metals using the electroflotation technique" *Desalination Journal,* vol. 228, nº 1-3, pp. 245 - 254, 2008.

[2] R. C. Bansal , J. B. Donnet y F. Stoeckli, *Activated Carbon*, New York, Marcel Dekker, 1988, p. 482.

[3] T. S. Singh y K. K. Pant, "Separation and Purification Technology" *Separation and Purification Technology,* vol 22, 2010, pp. 288-296.

[4] K. Elaiopoulos, E. Grigoropoulou y K. Salmas, "Prediction of adsorption isotherms of volatile organic compounds vapors on mesoporous materials through the CPSModel" CHISA 2010 – ECCE 7 Prague, P3.213, 2010.

[5] J. L. Sotelo, G. Ovejero, J.A. Delgado y I. Martinez, "Eliminación de compuestos organoclorados para potabilización de aguas mediante unproceso de adsorción - regeneración en carbón activado", *Dpto. de Ingeniería Química, Fac. de Ciencias Químicas, Univ. Complutense de Madrid, España,* pp. 253,2004.

[6] A. Marcilla Gomis, *INTRODUCCION A LAS OPERACIONES DE SEPARACION - Calculos por etapas de equilibrio*, Murcia - España, Editoriales Universidad de Alicante,1998.

[7] K. Vassanth Kumar y S. Sivanesan, "Equilibrium data, isotherm parameters and process design for partial and complete isotherm of methylene blue onto actived carbon", *Journal of Hazardous materials B134*, pp. 237 - 244, 2006.

[8] C. Moreno Castilla, "Adsorption of organic molecules from aqueous solutions on carbon materials" *Carbon*, vol 42, pp. 83 - 94, 2004.

[9] A. Rodriguez Fernandez , P. Leton Garcia, R. Rosal Garcia, M. Dorado Valiño, S. Villar Fernandez y J. M. Sanz Garcia, "Tratamientos avanzados de aguas residuales industriales", CITME, Madrid-España: Dirección General de Universidades e Investigación, 2006.

[10] L. Giraldo y J. C. Moreno, "Caracterización del proceso de adsorción de 3-cloro fenol desde solución acuosa sobre carbón activado por calorimetría de inmersión", *Quimica Nova*, vol 32, nº 7, pp. 32 - 37, 2009.

[11] D. Bello, M. Otero y G. O. y. E. Carrera, "Estado del arte en la produccion de microbiologia de Polihidroxialcanoato", *ICIDCA (Sobre derivado de la caña de azucar),* pp. 3 - 13, 2009.

[12] S. Y. Lee, "Progress and prospects for polyhydroxyalcanoate production in bacteria", *Trends in Biotecnology,* vol. 14, nº 11, pp. 431 - 438 , 1996.

[13] K. Sudesh y H. Abe. y Y. Doi, "Synthesis structure and properties of polyhydroxyalcanoate: biological polyesters", *Progress in Polymer Science ,* vol 10, nº 25, pp. 1503 - 1555, 2000.

[14] M. Barbosa, A. Espinosa Hernadez, D. Malagón Romero y N. Moreno Sarmiento, "PRODUCCION DE POLI-B-HIDROXIBUTIRATO (PHB) por Ralstonia eutropha ATCC 17697", *Revista de la Facultad de Ciencias Pontificia Universidad Javeriana,* vol 10, nº 1, pp. 44 - 54, 2005.

[15] S. A. Sánchez Moreno, M. A. Marín Montoya y A. L. Mora Martinez, "Identificación de bacterias productoras de Polihidroxialcanoatos (PHAs) en suelos contaminados con desechos de fique", *Revista Colombiana de Biotecnología*, vol 14, nº 2, pp. 89 - 100, 2012.

[16] J. A. Ruiz, A. Almeida y N. I. Lopez, "Bioplasticos: Una Alternativa ecologica", *Revista Química Viva,* nº 3, pp. 122 - 133, 2004.

[17] I. Aldor. y J. Keasling, "Process design for microbial plastic factores: metabolic engineering of polhyhydroxyalkanoates", *Current Opinion In Biotechnology ,* vol. 14, nº 5, pp. 83 - 475, 2003.

[18] D. Segura, R. Noguez y G. Espín, "Contaminacion ambiental y bacterias productoras de plasticos biodegradables", *Biotecnologia,* vol. 5, nº 10, pp. 14 - 20, 2009.

[19] I. D. Otero Ramírez y P. Fernandez, "Bioprospeccion de bacterias productoras de polihidroxialcanoatos (PHAs) en el departamento de Nariño", *Biotecnologia en el Sector Agropecuario y Agroindustrial,* nº 2, pp. 12 - 20, 2013.

[20] R. S. Garciglia. (2016, Ago 07). Sabermas. [Online]. Available: http://www.sabermas.umich.mx/archivo/secciones-anteriores/tecnologia/141-numero-18/285-bioplasticos-productos-biodegradables.html. [Último acceso: 07 agosto 2016].

[21] A. Cebrián Hernández, (2010, Julio 11). LOS POLÍMEROS. [En línea]. Available: http://www.eis.uva.es/~macromol/curso05-06/medicina/polimeros_biodegradables.htm.. [Último acceso: 07 agosto 2016].

[22] E. J. Montes Alba, " ESTUDIO DE ADSORCIÓN DE ACIDO ROJO 114 Y BÁSICO AZUL 3 SOBRE TALLO DE GIRASOL ",T.G. Tesis, Departamento de Ingenieria Ambiental, Universidad Libre, Bogotá, CUN,Colombia, 2014.

[23] J. M. Martín Martinez, *ADSORCIÓN FÍSICA DE GASES Y VAPORES POR CARBONES*, Murcia - España, Editoriales Universidad de Alicante,1990.

[24] Ministerio de minas y energia, "Glosario Técnico Minero", Republica de Colombia, Bogotá, nº 1, 2003.

[25] Apuntes Cientificos, (2012, Marzo 26). MATERIALES ADSORVENTES. [En línea]. Available: http://apuntescientificos.org/tamano-parti-ibq2.html. [Último acceso: 07 agosto 2016].

[26] D. P. Vargas, L. Giraldo y J. C. Moreno, " RELACIÓN ENTRE PARÁMETROS TEXTURALES Y ENERGÉTICOS DE MONOLITOS DE CARBÓN ACTIVADO A PARTIR DE CASCARA DE COCO" *Revista Colombiana de Química,* vol. 38, nº 2, pp. 1 - 10, 2009.

[27] M. Fombuena, *MANUAL DEL CARBÓN ACTIVO - Ingenieria del agua*, Sevilla, Andalucia, España, Editoriales Universidad de Sevilla, 2009.

[28] "Adsorción", Operaciones Unitarias III, Departamento de Ingenieria Quimica, Universidad de Cartagena, 2013.

[29] "FENÓMENOS DE SUPERFICIE", Adsorción, Departamento de Ingenieria Ambiental, Universidad Nacional Autónoma de México, 2012.

[30] D. Obregón, "Estudio comparativo de la capacidad de adsorción de Cadmio utilizando carbones activados preparados a partir de semillas de aguaje y de aceituna ",T.G. Tesis, Departamento de Ciencias, Pontificia Universidad Católica del Perú, Lima, LI, Perú, 2012.

[31] A. D. Carmona Moreno, " Estudio de absorción de Antiinflamatorios no Esteroidales en

Plantas de Trigo y adsorción en Suelos de la Región Metropolitana", T.G. Tesis, Departamento de Quimica Inorgánica y Analítica, Universidad de Chile, Santiago, SCL, Chile, 2012.

[32] J. H. Castro, "Integración de los procesos heterogéneos en el análisis de la cinética de producción de biodiésel usando enzimas inmovilizadas en un reactor por lotes", M.S. Tesis, Departamento de Procesos y Energia, Universidad Nacional de Colombia, Bogotá, CUN, Colombia, 2017.

[33] G. C. Castellar Ortega, " Remoción de Pb (II) en disolución acuosa sobre carbón activado: Experimentos en columna", M.S. Tesis, Departamento de Quimica, Universidad Nacional de Colombia, Bogotá, CUN, Colombia, 2012.

[34] A. Sainz Vidal, "Adsorción y Separación de n-alcanos en Hexacianocobaltos de Metales de Transición", M.S. Tesis, Departamento de Ciencia Aplicada y Tecnologia Avanzada, Instituto Politécnico Nacional, México D. F., CDMX, México, 2009

[35] V. da Silva Lacerda, " Aprovechamiento de residuos lignocelulosicos para producción de biocombustibles y bioproductos", Ph.D. Tesis, Departamento de Ingeniería Agrícola y Forestal, Universidad de Valladolid, Valladolid, P, España, 2015.

[36] J. Sánchez Ramírez , J. L. Martínez Hernández, E. P. Segura Ceniceros, J. C. Contreras Esquivel, M. A. Medina Morales, C. N. Aguilar y A. Iliná, " Inmovilización de enzimas lignocelulolíticas en nanopartículas magnéticas", *Química Nova,* vol 37, nº 3, 2014.

[37] E. A. Taborda Acevedo , W. J. Jurado y F. B. Cortés, " Efecto de la temperatura en el proceso de adsorción de agua en Carbón sub-bituminoso colombiano", *Boletín de Ciencias de la Tierra*, nº 39, 2016.

[38] O. Talu y F. Meunier, "Adsorption of associating molecules in micropores and application to water on carbon", *AIChE journal*, vol 42, pp. 809-819, 1996.

[39] R. Leyva , J. V. Flores, P. E. Díaz y M. S. Berber, "Adsorción de Cromo (VI) en Solución Acuosa sobre Fibra de Carbón Activado", *Información Tecnológica*, vol 19, nº 5, pp. 27 - 36, 2008.

[40] N. García Asenjo, " Una nueva generación de carbones activados de altas prestaciones para aplicaciones medioambientales", Ph.D. Tesis, Departamento de Ciencia y Tecnología de Materiales, Universidad de Oviedo, Oviedo, AST, España, 2014.

[41] T. Liu, Y. Li, Q. Du, J. Sun, Y. Jiao, G. Yang ,Z. Wang , Y. Xia, W. Zhang, K. Wang , H. Zhu y D. Wu, " Adsorption of methylene blue from aqueous solution by graphene.", *Colloids Surf B Biointerfaces*, vol 90, pp. 197 - 203, 2012.

[42] N. García Asenjo, " Estudio de la adsorción de compuestos biorrefractarios en soluciones acuosas", Ph.D. Tesis, Departamento de Bioquímica y Ciencias Biológicas, Universidad Nacional del Litoral, Santa Fé, SF, Argentina, 2013.

[43] H. A. Estupiñan Duran, D. Y. Peña Ballesteros, D. A. Laverde Cataño, P. Escobar Rivero, C. Vazquez Quintero, Y. Icarina Anaya y L. M. Gelves Jerez, " Estudio de la adsorción de proteínas sobre superficies de ácido poliláctico mediante técnicas gravimétricas y electroquímicas", *DYNA*, vol 78, nº 169, pp. 167 - 175, 2011.

[44] Y. Rojas Villalba y C. C. Zarate Vásquez, " EFECTO DEL pH Y EL TIEMPO DE CONTACTO EN LA ADSORCIÓN DE CROMO HEXAVALENTE EN SOLUCIÓN ACUOSA UTILIZANDO MONTMORILLONITA COMO ADSORBENTE",T.G. Tesis, Departamento de Ingenieria Química, Universidad Nacional del Centro del Perú, Huancayo, HU,Perú, 2015.

[45] J. S. Valencia Ríos y G. C. Castellar Ortega, " Predicción de las curvas de ruptura para la remoción de plomo (II) en disolución acuosa sobre carbón activado en una columna empacada", *Rev. Fac. Ing. Univ. Antioquia*, nº 66, pp. 141 - 158, 2013.

[46] D. Figueroa, A. Moreno y A. Hormaza," Equilibrio, termodinámica y modelos cinéticos en la adsorción de Rojo 40 sobre tuza de maíz", *Revista Ingenierías Universidad de Medellín*, vol 14, nº 26, pp. 105 - 120, 2015.

[47] A. J. Marín Martinez, " Estudio de adsorción de Boro con Amberlite IRA 743",T.G. Tesis, Departamento de Ingenieria Química, Universitat Politecnica de Catalunya, Barcelona, CAT,España, 2011.

[48] J. E. Nuñez, F. Colpas y A. Tarón," Aprovechamiento de residuos maderosos para la obtención de resinas de intercambio iónico", *Revista Temas Agrarios*, vol 22, nº 1, pp. 56 - 63, 2017.

[49] S. Espinoza Diaz, " Evaluación del hidróxido de doble capa (CaAl-LDH-NO_3) para la adsorción de sulfatos presentes en residuos de construcción y demolición (RCD)", M.S.

Tesis, Departamento de Ingeniería Agrícola y Forestal, Universidad de Valladolid. Escuela Técnica Superior de Ingenierías Agrarias, Valladolid, P, España, 2016.

[50] A. R. Albis Arrieta, A. J. López Rangel y M. C. Romero Castilla," Remoción de azul de metileno de soluciones acuosas utilizando cáscara de yuca (Manihot esculenta) modificada con ácido fosfórico", *Prospectiva*, vol 15, nº 2, pp. 60 - 73, 2017.

[51] M. D. Tenev, G. L. Fontana, C. M. Torre, C. Mansilla, K. Ayala, M. Franco y S. P. Boeykens," Efecto del pH en la Adsorción del Azul de Metileno con Chips de Quebracho Agotado", *Conference Paper*, pp. 1 - 11, 2018.

[52] A. Mittal, L. Kurup y J. Mittal, "Freundlich and Langmuir adsorption isotherms and kinetics for the removal of Tartrazine from aqueous solutions using hen feathers", *Journal of Hazardous Materials*, vol 146, nº 1–2, pp. 243–248, 2007.

[53] M. Doğan, H. Abak, y M. Alkan, "Adsorption of methylene blue onto hazelnut shell: Kinetics, mechanism and activation parameters", Journal *of Hazardous Materials*, vol 164, nº 1, pp. 172– 181, 2008.

[54] Cabot Corp. (2019, Ene 23). PURIFICACIÓN DE QUÍMICOS Y CATALIZADORES. [Online]. Available: http://www.cabotcorp.com.co/solutions/applications/chemical-purification-and-catalysts. [Último acceso: 14 marzo 2019].

[55] Azul de Metileno - Definición (2013, Oct 31). PURIFICACIÓN DE QUÍMICOS Y CATALIZADORES. [Online]. Available: https://salud.ccm.net/faq/14550-azul-de-metileno-definicion [Último acceso: 14 marzo 2019].

[56] E. Aymat, " DISEÑO DE UN SISTEMA DE TRATAMIENTO TERCIARIO DE EFLUENTES DE LA INDUSTRIA TEXTIL BASADO EN LA ADSORCIÓN DE COLORANTES",T.G. Tesis, Escola Tècnica Superior d'Enginyeria Industrial de Barcelona, Universitat Politècnica de Catalunya, Catalunya, CAT,España, 2017.

[57] Petrología: Rocas sedimentarias (2012, Ene 18). Procesos sedimentarios y clasificación de las rocas sedimentarias. [Online]. Available:

https://www.ugr.es/~agcasco/msecgeol/secciones/petro/pet_sed.htm [Último acceso: 14 marzo 2019].

[58] Perfil Farmacologico de Los Farmacos Empleados en El Tratamiento de Las Intoxicaciones Por Plaguicidas (2017, Jun 23). Perfil Farmacologico de Los Farmacos Empleados en El Tratamiento de Las Intoxicaciones Por Plaguicidas. [Online]. Available: https://www.scribd.com/document/352051946/Perfil-Farmacologico-de-Los-Farmacos-Empleados-en-El-Tratamiento-de-Las-Intoxicaciones-Por-Plaguicidas [Último acceso: 14 marzo 2019].

[59] I. V. Niño Arias y D. Ortiz Ramírez, " EVALUACIÓN DE DOS CLASES DE CARBÓN ACTIVADO GRANULAR PARA SU APLICACIÓN EFECTIVA EN LA REMOCIÓN DE FENOLES EN LOS VERTIMIENTOS DE UNA EMPRESA DE JABONES",T.G. Tesis, Departamento de Ingeniería Ambiental y Sanitaria, Universidad de la Salle, Bogotá D.C, CUN, Colombia, 2008.

[60] Glosario de términos relacionados con el carbón activado (2004, Sep 01). Columna de carbón. [Online]. Available: https://www.quiminet.com/articulos/glosario-de-terminos-relacionados-con-el-carbon-activado-c-d-2575588.htm [Último acceso: 14 marzo 2019].

[61] M. D. Palma Lira y L. A. Ampié Hernández, " REMOCIÓN DE COBRE Y ZINC DE SOLUCIONES ACUOSAS USANDO COLUMNAS EMPACADAS CON QUITOSANO",T.G. Tesis, Departamento de Ingeniería Química, Universidad Nacional de Ingenieria, Managua, MN, Nicaragua, 2008.

[62] F. Wolf y E. Vogel, "MANUAL PARA LA PRODUCCION DE CARBON VEGETAL CON METODOS SIMPLES". 1ra. ed. Linares, Nuevo León, Mexico: Facultad de Silvicultura y Manejo de Recursos Renovables, 1985.

[63] Tablas de Poder Calorífico (2019, Mar 03). Poder Calorífico. [Online]. Available: https://ingemecanica.com/tutoriales/poder_calorifico.html [Último acceso: 14 marzo 2019].

[64] Solución, Solvente y Soluto (2010, Sep 14). Solución, Solvente y Soluto. [Online]. Available: https://studylib.es/doc/4536089/solución--sistema-homogéneo-constituido-por-2-o-más [Último acceso: 14 marzo 2019].

[65] Metcalf y Eddy, "Wastewater Engineering: Treatment and Resource Recovery", vol 2, 5th. ed. New York: McGraw-Hill, 2014, cap. 11.

[66] R. Ch. Bansal y M. Goyal, "Activated Carbon Adsorption", 1st ed. Engineering & Technology, Physical Sciences, Boca Raton: CRC Press, 2005.

[67] G. Castellar, E. Angulo, A. Zambrano y D. Charris, " EQUILIBRIO DE ADSORCIÓN DEL COLORANTE AZUL DE METILENO SOBRE CARBÓN ACTIVADO", *Revista U.D.C.A Actualidad & Divulgación Científica*, vol 16, nº 1, pp. 263–271, 2013.

[68] R. Leyva Ramos, P. E. Díaz Flores, R. M. Guerrero Coronado, J. Mendoza Barrón y A. Aragón Piña, " Adsorción de Cd (II) en solución acuosa sobre diferentes tipos de fibras de carbón activado", *Rev. Soc. Quím. Méx.*, vol 48, nº 1, pp. 196–202, 2004.

[69] H. J. Rojano Palacio y L. A. Lozano Solórzano, " DISEÑO, CONSTRUCCIÓN E INSTALACIÓN DE UN TREN DE COLUMNAS DE ADSORCIÓN, A ESCALA DE LABORATORIO",T.G. Tesis, Departamento de Ingeniería Química, Universidad del Atlantico, Barranquilla, AT, Colombia, 2012.

[70] L. Ballesteros and L. Villanueva, "Remoción de azul de metileno en medio acuoso mediante dos tipos de carbón activado granular comercial: Norit, Merck. Experimentos en lotes. ," Ingeniero Químico, Facultad de Ingeniería Universidad del Atlántico, Puerto Colombia, 2015.

ANEXOS

Anexo 1. Ficha técnica de Carbón Activado NORIT® GAC 830W.

NORIT ACTIVATED CARBON

23 February 2015 — Chemicals / 830W

NORIT® GAC 830W

Granular Activated Carbon

WHY CABOT

Cabot Norit Activated Carbon is a [illegible] respected for experienced people, diverse products and strong customer [illegible]. Cabot's [illegible] innovation, product performance, technical expertise and customer focus [illegible] products and solutions for your specific purification needs.

Norit GAC 830 W is especially manufactured for the purification of gas treater liquids (amine and glycol treaters). Norit GAC 830 W is particularly suited for removing dissolved hydrocarbons and degradation by-products which contribute to foaming and corrosion problems. Norit 830 W is produced by steam activation of selected grades of coal.

Norit GAC 830 W meets the requirements of the latest version of the U.S. Food Chemicals Codex.

SPECIFICATIONS		
Iodine number	min. 950	-
Particle size > 8 mesh (2.36 mm)	max. 15	mass-%
Particle size < 30 mesh (0.60 mm)	max. 5	mass-%
Moisture (as packed)	max. 5	mass-%

GENERAL CHARACTERISTICS		
Total surface area (B.E.T.)	[illegible]	m²/g
Apparent density	[illegible]	kg/m³
Density backwashed and drained	415	kg/m³
Ball-pan hardness	[illegible]	-
Effective size D_{10}	0.9	mm
Uniformity coefficient	1.7	
Ash content	12	mass-%
pH	alkaline	-

Anexo 2. Ficha técnica Tamiz Malla 8x30.

Designación del Tamiz		
MARCO EN ACERO 8" Ø		
#	Estándar	Alternativo
1	125 mm	5 in.
2	100 mm	4 in.
3	90 mm	3 ½ in.
4	75 mm	3 in.
5	63 mm	2½ in.
6	50 mm	2 in.
7	45 mm	13/4 in.
8	37,5 mm	1½ in.
9	31,5 mm	1 1/4 in
10	25 mm	1,00 in.
11	22,4 mm	7/8 in.
12	19 mm	3/4 in
13	16 mm	5/8 in.
14	12,5 mm	½ in
15	11,2 mm	7/16 in
16	9,5 mm	3/8 in.
17	8 mm	5/16 in
18	6,3 mm	1/4 in.
19	4,75 mm	No. 4
20	4 mm	No. 5
21	3,35 mm	No. 6
22	2,36 mm	No. 8
23	2 mm	No. 10
24	1,7 mm	No. 12
25	1,4 mm	No. 14
26	1,18 mm	No. 16
27	1mm	No. 18
28	850 µm	No. 20
29	710 µm	No. 25
30	600 µm	No. 30

Para efectos de este proyecto se usa como soporte de lecho del carbón activado dentro de las columnas Malla Tamiz 8X30 (rango de partículas que pasan por la malla número 8 (2.38 mm) y retenidas en la malla número 30).

Anexo 3. Ficha técnica de Sistema de tuberías.

Donde:

- La tensión de trabajo del material
- La presión hidrostática permitida
- El diámetro exterior
- El espesor de la pared del tubo
- RDE relación diámetro espesor

Basados en esta fórmula, PAVCO S.A. produce tuberías de PVC RDE 9, RDE 11, RDE 13.5, RDE 21, RDE 26, RDE 32.5 y RDE 41 para presiones de trabajo de 35.15, 28.12, 22.14, 14.06, 11.25, 8.79 y 7.03 kg/cm² respectivamente, y accesorios de PVC RDE 21 para 14.06 kg/cm² a 22°C.

Tuberías Presión PAVCO

NTC 382

Tipo	Diámetro Nominal (mm)	Diámetro Nominal (pulg.)	Referencia	Peso (g/m)	Diámetro Exterior Promedio (mm)	Diámetro Exterior Promedio (pulg.)	Espesor de Pared Mínimo (mm)	Espesor de Pared Mínimo (pulg.)	Diámetro Interior Promedio (mm)
RDE 9 PVC – Presión de Trabajo a 23°C: 500 PSI	21	1/2	[illegible]	218	21.34	0.84	2.37	0.09	16.60
RDE 11 PVC – Presión de Trabajo a 23°C: 400 PSI	26	3/4	2900210	304	26.67	1.05	2.43	0.09	21.81
RDE 13.5 PVC – Presión de Trabajo a 23°C: 315 PSI	21	1/2	2907449	157	21.34	0.84	1.58	0.06	18.14
	33	1	2900213	364	33.40	1.31	2.46	0.09	28.48
RDE 21 PVC – Presión de Trabajo a 23°C: 200 PSI	26	3/4	2900227	[illegible]	26.7	1.05	1.52	0.06	23.63
	33	1	[illegible]	[illegible]	33.4	1.31	1.60	0.06	[illegible]
	42	1.1/4	2900226	305	42.2	1.66	2.01	0.08	38.14
	48	1.1/2	2902450	514	48.3	1.90	2.29	0.09	43.68
	60	2	2902453	811	60.3	2.37	2.87	0.11	54.58
	73	2.1/2	2900230	1105	73.0	2.87	3.40	0.14	66.07
	89	3	[illegible]	1761	88.9	3.50	4.24	0.17	80.42
	114	4	2900240	2904	114.3	4.50	5.44	0.21	103.42
	168	6	2901616	5836	168.3	6.62	8.03	0.32	152.22
RDE 26 PVC – Presión de Trabajo a 23°C: 160 PSI	60	2	2900246	655	60.3	2.37	2.31	0.09	55.70
	73	2.1/2	2900248	964	73.0	2.87	2.79	0.11	67.45
	89	3	[illegible]	1430	88.9	3.50	3.43	0.13	82.04
	114	4	2900254	2376	114.3	4.50	4.39	0.17	105.52
	168	6	2904617	4759	168.3	6.62	6.48	0.25	155.32
RDE 32.5 PVC – Presión de Trabajo a 23°C: 125 PSI	89	3	[illegible]	1157	88.9	3.50	2.74	0.11	83.42
	114	4	2900258	1904	114.3	4.50	3.51	0.14	107.28
RDE 41 PVC – Presión de Trabajo a 23°C: 100 PSI	114	4	2900281	1535	114.3	4.50	2.79	0.11	108.72

Para Tuberías de 8", 10", 12", 14", 16", 18" y 20" de diámetro véase nuestro Manual Técnico Unión Platino. La longitud normal de los tramos es de [illegible]. La Tubería no debe roscarse.

Accesorios Presión PAVCO

Shedule 40 PVC Tipo 1, Grado 1

Presión Nominal de Trabajo a 23°C			
pulg.	PSI	pulg.	PSI
1/2	600	2	280
3/4	480	2 1/2	300
1	450	3	260
1 1/4	370	4	220
1 1/2	330	6	180

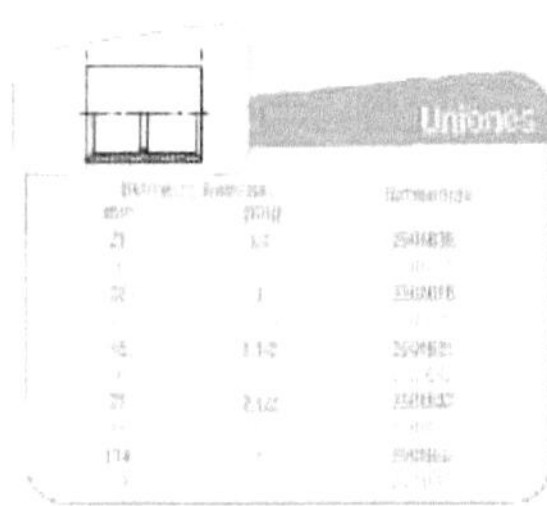

Codos 90°

Diámetro Nominal mm	pulg	Referencia
21	1/2	[illegible]
33	1	[illegible]
[illegible]	1 1/2	[illegible]
[illegible]	2 1/2	[illegible]
114	4	[illegible]

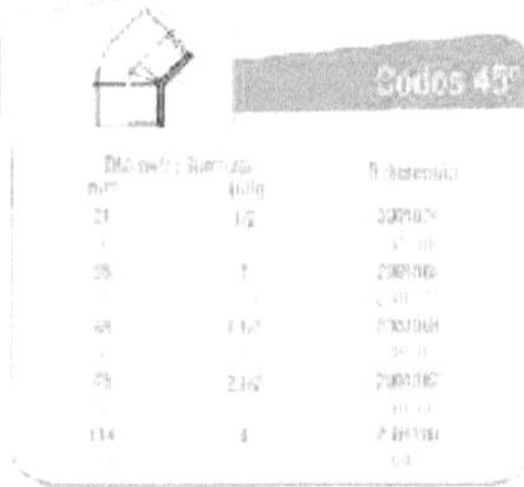

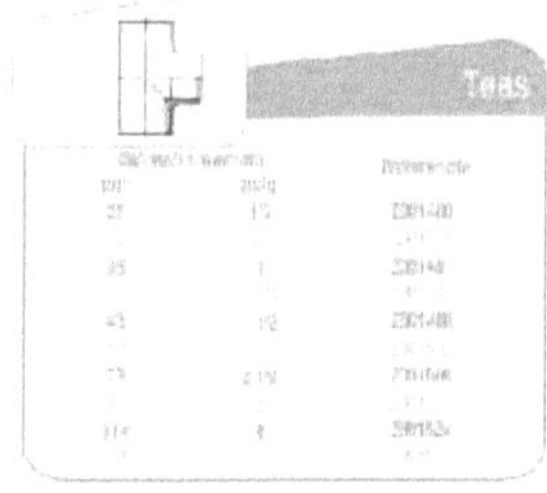

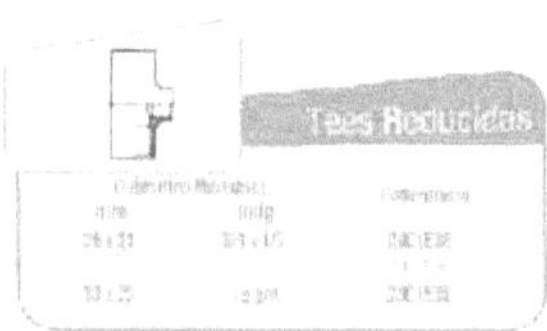

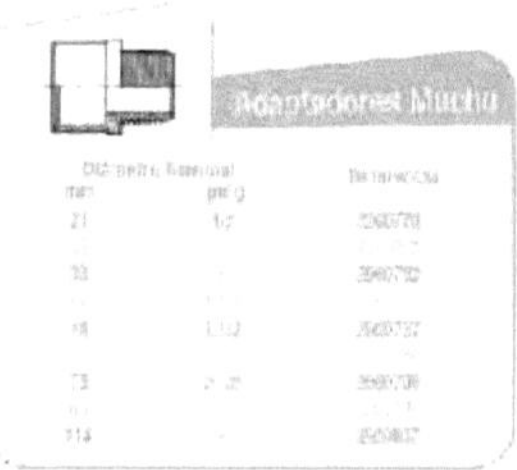

Adaptadores hembra

Diámetro Nominal mm	pulg	Referencia
[illegible]	[illegible]	[illegible]
[illegible]	1/2	[illegible]
33	1	[illegible]
48	1 1/2	[illegible]
73	2 1/2	[illegible]
114	[illegible]	[illegible]

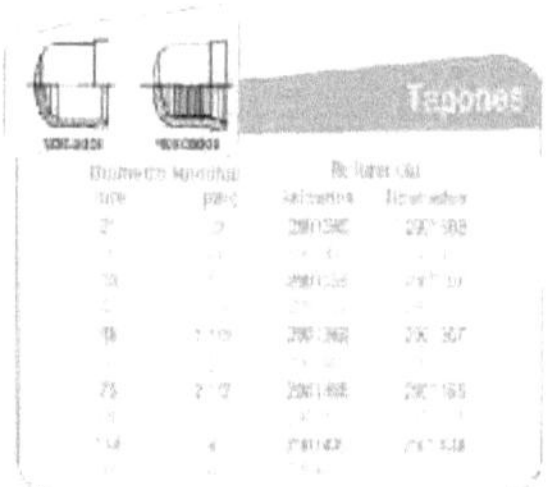

Anexo 4. Ficha técnica de Azul de Metileno.

DENSIDAD:	0,995 kg/
SOLUBILIDAD:	Miscible con agua
DESCRIPCION FISICA:	Líquido
NOMBRE DE PRODUCTO:	Azul de Metileno
NOMBRE DE CALIDAD:	para diagnóstico clínico
COMENTARIO DE CABECERA:	para microscopia
ESPECIFICACIONES:	COMPOSICIÓN. Azul de Metileno: 9 g Etanol Absoluto: 90 ml Fenol: 26 m Agua: 1000 ml Identidad: Conforme ensayo **Límite máximo de impurezas** Aptitud para tinción: Conforme ensayo
PICTOGRAMAS DE PELIGROSIDAD	 

Anexo 5. Ficha técnica de Manómetro.

Astro Pressure Gauge 0-60 PSI 1/4 ", 2 " < 0.25 % Lead 0-60 PSI	
Descripción	Es un manómetro con relleno de líquido con caja de plástico. El relleno de líquido amortigua los componentes internos, contribuyendo así a una mayor resistencia a las vibraciones y choques. Por lo tanto, son adecuados para su instalación en máquinas y equipos sometidos a vibraciones e impactos. Los manómetros están basados en el probado sistema de medición de tubo de Bourdon.
Aplicaciones	Para puntos de medida con elevadas cargas dinámicas y vibraciones Para medios gaseosos, líquidos, no viscosos y no cristalizantes, compatibles con aleaciones de cobre, hidráulica
Diametro en mm	40, 50, 63
Clase de exactitud	2,5
Carga de presión máxima	Presión estática: 3/4 x valor final de escala Carga dinámica: 2/3 x valor final de escala Carga puntual: valor final de escala
Temperatura admisible	Ambiente: -20 ... +60 °C Medio: máx. +60 °C
Influencia de temperatura	En caso de desviación de la temperatura de referencia en el sistema de medición (+20 °C): máx. ±0,4 %/10 K de la gama de indicación
Conexión a proceso	Aleación de cobre, Conexión inferior radial o dorsal céntrica, DN 40: dorsal céntrica, rosca macho G ⅛ B, llave 14 NG 50, 63: rosca macho G ¼ B, SW 14

Anexo 6. Ficha técnica de Rotámetro.

Caudalímetro o Rotámetro para agua De 4 A 40 GPM O 15-150 LPM	
Marca/Modelo	Instrument Company, LZT Mod G-25
Descripción	Caudalímetro que mide el aceite o el agua, fácil de leer por su escala clara. El estilo de tubo recto conecta el tubo de líquido con dos hilos de extremo. Material de acero inoxidable interior y diseño de tubo de gafas. Lea el flotador en el diámetro más grande, usted evaluará el flujo de agua.
Tamaño total	4.3 x 27.7 cm / 1.7 "x 10.9" (D * H)
Material	Vidrio, acero inoxidable, plástico
Rango	4-40 GPM o 15-150 LPM
Rosca de entrada	1"
Peso Neto	363 g
Influencia de temperatura	En caso de desviación de la temperatura de referencia en el sistema de medición (+20 °C): máx. ±0,4 %/10 K de la gama de indicación
Conexión a proceso	Aleación de cobre, Conexión inferior radial o dorsal céntrica, DN 40: dorsal céntrica, rosca macho G ⅛ B, llave 14 NG 50, 63: rosca macho G ¼ B, SW 14

Anexo 7. Ficha técnica de la Bomba.

PK

POS.	COMPONENTE	CARACTERISTICAS CONSTRUCTIVAS
1	CUERPO BOMBA	Hierro fundido con bocas roscadas ISO 228/1 (PK 60, PK 60 MD con tratamiento de cataforesis)
2	SOPORTE	Aluminio con tapa en latón y laminilla de ajuste frontal antibloqueo (patentado)
3	RODETE	Latón, del tipo aletas periféricas radiales
4	EJE MOTOR	Acero inoxidable EN 10088-3 - 1.4104
5	SELLO MECANICO	

Electrobomba	*Sello*	*Eje*	*Materiales*		
Modelo	*Modelo*	*Diámetro*	*Anillo fijo*	*Anillo móvil*	*Elastómero*
PK 60 65 70 80 PK60-MD	AR-12	Ø 12 mm	Cerámica	Grafito	NBR
PK 90	ST1-12	Ø 12 mm	Carburo de silicio	Grafito	NBR
PK 100-200-300	FN-14	Ø 14 mm	Grafito	Cerámica	NBR

POS.	COMPONENTE	CARACTERISTICAS CONSTRUCTIVAS
6	RODAMIENTOS	

Electrobomba	*Modelo*
PK 60-65 PK60 MD	6201 ZZ / 6201 ZZ
PK 70-80-90	6203 ZZ / 6203 ZZ
PK 100-200-300	6204 ZZ / 6204 ZZ

POS.	COMPONENTE	CARACTERISTICAS CONSTRUCTIVAS
7	CONDENSADOR	

Electrobomba	*Capacidad*	
Monofásica	*(220 V)*	*(110 V o 127 V)*
PKm 60 PKm60-MD	10 µF - 450 VL	25 µF - 250 VL
PKm 65	14 µF - 450 VL	25 µF - 250 VL
PKm 70	16 µF - 450 VL	60 µF - 400 VL
PKm 80	20 µF - 450 VL	60 µF - 300 VL
PKm 90	20 µF - 450 VL	60 µF - 300 VL
PKm 100	31.5 µF - 450 VL	60 µF - 250 VL
PKm 200	45 µF - 450 VL	80 µF - 250 VL

POS.	COMPONENTE	CARACTERISTICAS CONSTRUCTIVAS
8	MOTOR ELECTRICO	**PKm:** monofásica 220 V - 60 Hz con protección térmica incorporada en el bobinado. **PK:** trifásica 220/380 V - 60 Hz o 220/440 V - 60 Hz. ➡ **Las electrobombas trifásicas están equipadas con motores de alto rendimento en clase IE2 hasta P_2=0.50 kW y en clase IE3 desde P_2=0.60 kW (IEC 60034-30-1)** - Aislamiento: clase F Protección: IP X4

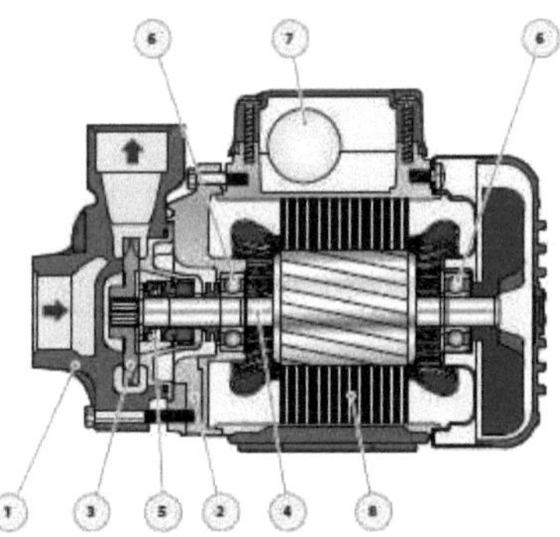

DIMENSIONES Y PESOS

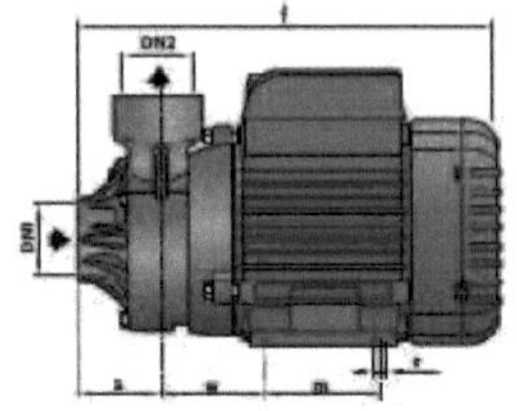

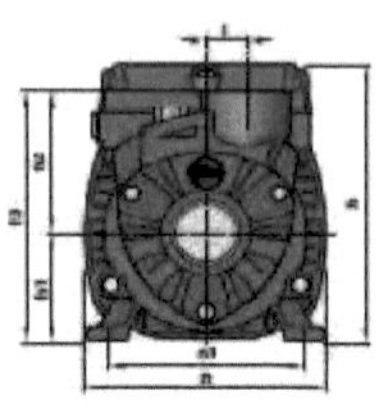

MODELO		BOCAS		DIMENSIONES mm												kg	
Monofásica	Trifásica	DN1	DN2	a	f	h	h1	h2	h3	i	m	n	n1	w	s	1~	3~
PKm 60*	PK 60*				107	145	96		131		55	118	93-100			5.2	5.2
PKm 60*-MD	PK 60*-MD	1"	1"	39	136	152	63	75	138	26	80	120	100	52	7	5.6	5.6
PKm 65	PK 65															7.0	6.7
PKm 70	PK 70			55	185	160 *	71	85	156		90	140	112	61		10.0	9.9
PKm 80	PK 80															10.0	9.9
PKm 90	PK 90	3/4"	3/4"	46	178			84	155	19						10.0	10.0
PKm 100	PK 100	1"	1"	55	160	212	80	94	174	20	100	164	125	81	9	14.4	14.3
PKm 200	PK 200															15.5	15.5
–	PK 300				170											–	18.1

(*) **h=199 mm** para versión monofásica en 110 V o 127 V

CONSUMO EN AMPERIOS

MODELO	TENSION		
Monofásica	220 V	110 V	127 V
PKm 60*	2.6 A	5.5 A	5.3 A
PKm 60*-MD	3.2 A	6.5 A	6.0 A
PKm 65	5.8 A	11.6 A	10.0 A
PKm 70	5.2 A	10.8 A	10.0 A
PKm 80	6.5 A	13.0 A	12.0 A
PKm 90	6.0 A	12.0 A	11.0 A
PKm 100	9.0 A	18.0 A	16.5 A
PKm 200	12.0 A	24.0 A	22.5 A

MODELO	TENSION			
Trifásica	220 V	380 V	220 V	440 V
PK 60*	2.0 A	1.15 A	2.1 A	1.2 A
PK 60*-MD	2.1 A	1.2 A	2.2 A	1.3 A
PK 65	3.2 A	1.85 A	3.5 A	2.0 A
PK 70	3.8 A	2.2 A	3.8 A	2.2 A
PK 80	3.8 A	2.2 A	4.3 A	2.4 A
PK 90	4.3 A	2.4 A	4.2 A	2.4 A
PK 100	6.2 A	3.6 A	6.2 A	3.15 A
PK 200	9.5 A	5.6 A	7.0 A	4.2 A
PK 300	10.0 A	5.8 A	8.2 A	4.8 A

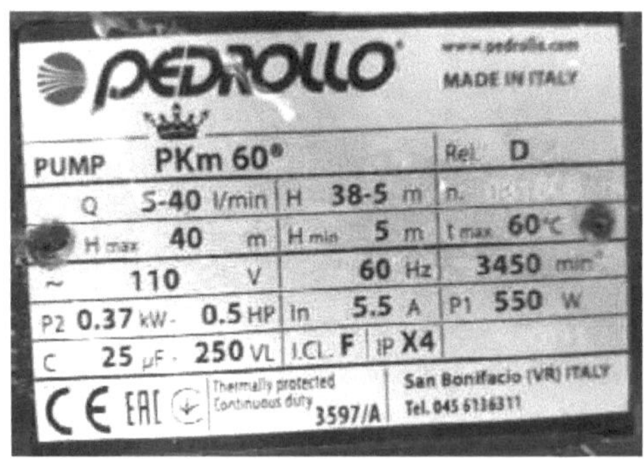

Anexo 8. Plano de tablero eléctrico.

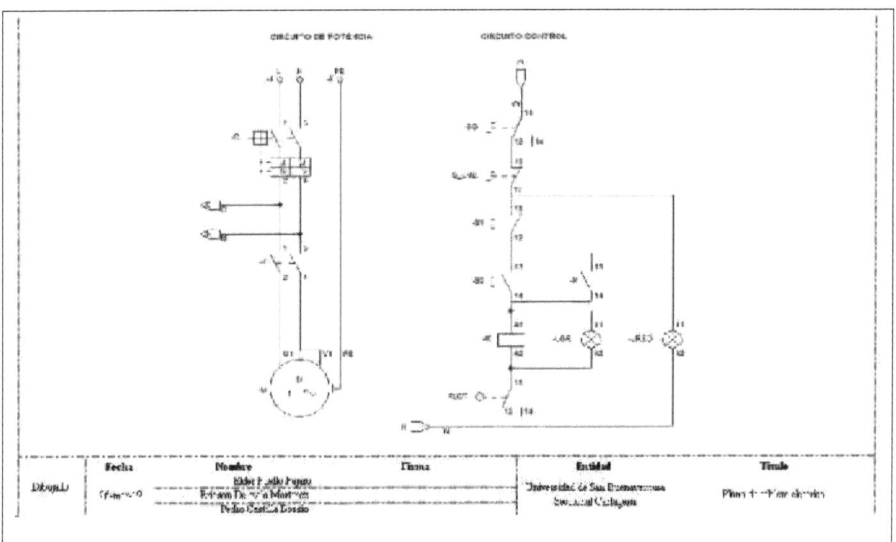

Anexo 9. PFD del equipo.

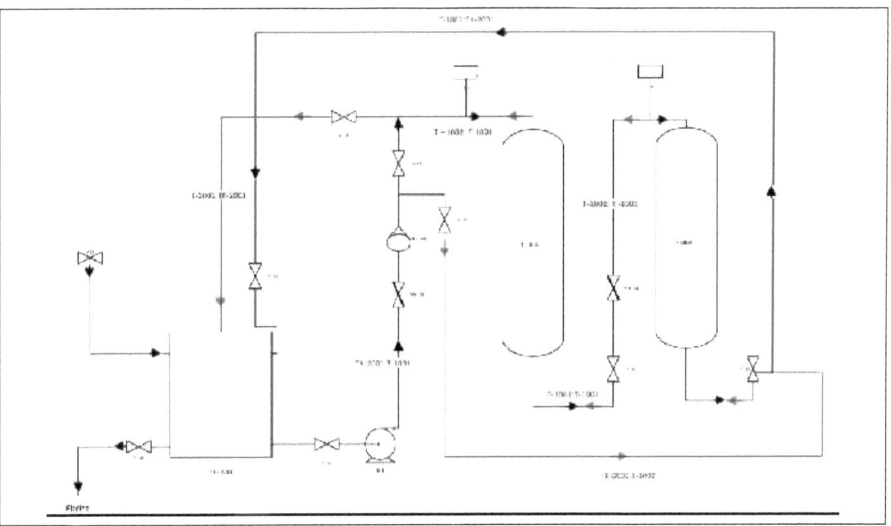

Anexo 10. Manual de Operación y Mantenimiento.

Por:
Elder David Puello Pajaro
Ericson De Avila Martínez
Pedro Luis Castilla Bossio

Manual de Operación y Mantenimiento

Equipo de adsorción con dos columnas

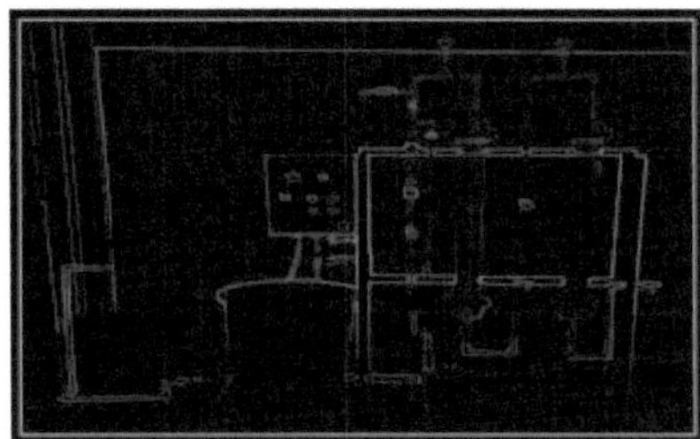

Nota: Revisar archivos de anexos de tesis

Anexo 11. Imágenes y Evidencias.

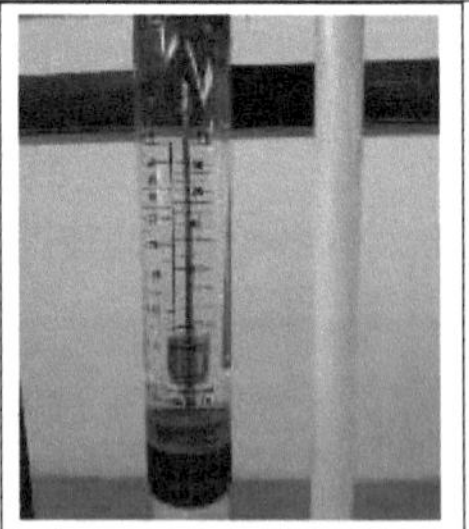

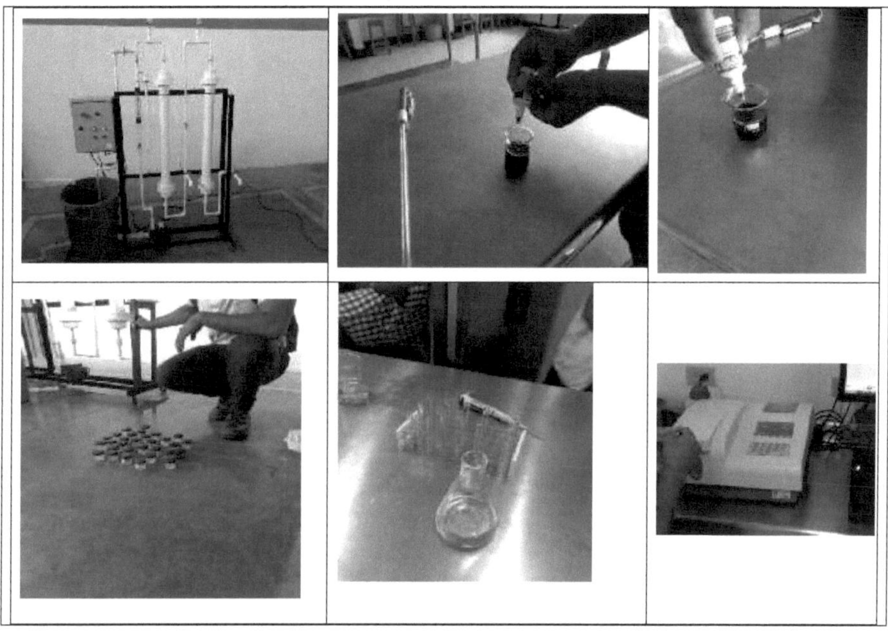

Printed by Books on Demand GmbH, Norderstedt / Germany